甘薯滴灌
水肥一体化技术与应用实践

刘 庆 李 欢 王少霞 等 编著

U0306446

中国农业科学技术出版社

图书在版编目（CIP）数据

甘薯滴灌水肥一体化技术与应用实践 / 刘庆等编著. --北京：
中国农业科学技术出版社，2023.11
ISBN 978-7-5116-6508-9

Ⅰ.①中⋯　Ⅱ.①刘⋯　Ⅲ.①甘薯－滴灌－肥水管理
Ⅳ.①S531.071

中国国家版本馆CIP数据核字（2023）第 212021 号

责任编辑　申　艳
责任校对　王　彦
责任印制　姜义伟　王思文

出 版 者　中国农业科学技术出版社
　　　　　北京市中关村南大街 12 号　　邮编：100081
电　　话　（010）82103898（编辑室）　　（010）82109702（发行部）
　　　　　（010）82109709（读者服务部）
网　　址　https: // castp.caas.cn
经 销 者　各地新华书店
印 刷 者　北京中科印刷有限公司
开　　本　170 mm × 240 mm　1/16
印　　张　8
字　　数　145 千字
版　　次　2023 年 11 月第 1 版　　2023 年 11 月第 1 次印刷
定　　价　38.00 元

◀━━◆ 版权所有·侵权必究 ◆━━▶

《甘薯滴灌水肥一体化技术与应用实践》

编著人员

刘　庆（青岛农业大学）

李　欢（青岛农业大学）

王少霞（青岛农业大学）

杜志勇（青岛农业大学）

张海燕（山东省农业科学院）

张　辉（江苏省农业科学院）

王　欣（徐州市农业科学院）

唐忠厚（徐州市农业科学院）

范建芝（济宁市农业科学研究院）

井水华（济宁市农业科学研究院）

郑　鹏（济宁市农业科学研究院）

前　言

PREFACE

　　甘薯是世界上重要的粮食、饲料和能源作物，在我国的种植面积常年维持在300万公顷以上，种植面积和单产均居世界首位。据联合国粮食及农业组织数据显示，2019年我国甘薯总产量5 199.2万吨，占全球甘薯总产量的56.6%。随着社会发展和产业结构调整优化，甘薯在满足不同社会需求方面将发挥越来越重要的作用。

　　21世纪以来，滴灌水肥一体化技术率先在我国北方薯区大面积推广应用，这在一定程度上缓解了甘薯规模化种植过程中的劳动力不足问题，提高了甘薯生产者应对季节性干旱等灾害性天气的能力，保证了甘薯的高产稳产并极大地促进了甘薯产业的发展。但是，受甘薯作物自身生理特性与栽培特点的约束，该技术在推广应用过程中遇到一系列问题，如甘薯滴灌系统的配置与材料选型、不同生育期的滴灌水量控制、滴灌施肥时的肥料品种选择、施肥量和施肥时间安排等均无科学合理的田间分类指导规程，导致甘薯水肥一体化技术的应用效益没有得到充分发挥。因此，编著者在系统总结多年来针对甘薯水分生理与节水栽培技术相关研究的基础上，组织相关专业人员编写了《甘薯滴灌水肥一体化技术与应用实践》。本书系统介绍了甘薯栽培技术进展，甘薯水分、养分需求特性与管理，滴灌水肥一体化应用中的肥料选择与施用方法，甘薯滴灌水肥一体化系统的配置技术等内容，旨在为滴灌水肥一体化技术在甘薯生产中的应用提供参考。本书立足理论与生产实践相结合，具有较强的实用性和可操作性。

　　感谢国家甘薯产业技术体系水分生理与节水栽培岗位专家项目（CARS-10-11）对本书出版提供的经费支持。鉴于现有资料有限，书中部分甘薯缺素症图片不够完整，加之受编著者水平所限，书中难免存在疏漏和不足之处，恳请读者批评指正。

编著者

2023年10月

目 录

CONTENTS

第1章

中国甘薯产业概况与栽培技术进展

甘薯［*Ipomoea batatas*（L.）Lam.］是旋花科（Convolvulaceae）甘薯属（*Ipomoea*）一年生或多年生双子叶草本植物，起源于墨西哥、厄瓜多尔到秘鲁一带的热带美洲，其性喜温，不耐寒，是喜光的短日照作物，具有高产稳产、适应性强、营养丰富等特点，是世界卫生组织推荐的最佳食物之一，兼具粮食、经济作物的功能，用途广泛，可用作鲜食、淀粉加工、食品加工、叶菜和观赏等，在北纬40°以南温带至热带的120余个国家和地区均有种植（王欣等，2021）。

1.1 中国甘薯生产概况与区域布局

1.1.1 中国甘薯生产概况

甘薯于16世纪末经福建和广东传入中国。中国是目前世界上最大的甘薯生产国，联合国粮食及农业组织（Food and Agriculture Organization，FAO）统计数据显示，2018年中国甘薯种植总面积为237.93×10^4公顷，占世界种植面积的29.0%，总产量占世界产量的57.0%（王欣等，2021）。甘薯具有超高产特性，薯干产量每公顷可超过22 500千克，高于谷物类作物所创造的高产纪录。甘薯具有广泛的适应性和节水特性，在一些易发生干旱胁迫的丘陵旱薄地块，鲜薯产量每公顷仍可达到22 500千克。甘薯除含有丰富的食用纤维、糖、维生素、矿物质、蛋白质等人体必需的重要营养成分外，还含有多酚、多糖、花青素等活性成分，具有抗炎、抗氧化等保健作用，有一定的药用价值。近年来，甘薯优质食用型品种种植面积和集约化种植模式不断扩大，也催生了一批区域公共品牌，价格高位稳定，种植效益明显提高；茎尖叶菜用面积也在逐年上升，观赏用甘薯已成为部分城市的规模化绿化美化植物，这些变化得益于甘薯优良品种培育和健康种薯种苗繁育的同步发展，特别是品种创新与种业培育的同步推进，使甘薯种业得到了高质量发展。甘薯已成为农业产业结构调整中高产高效作物，在甘薯产业技术体系的支持下，实现了由量到质的转型升级。在党中央全面实施乡村振兴战略，全面建成小康社会和满足人民对美好生活向往的大背景下，满足人民从饱腹到营养健康的需求已成为现代农业发展的目标导向，甘薯产业也将向品种多元化、产品品牌化的方向发展（图1-1）。

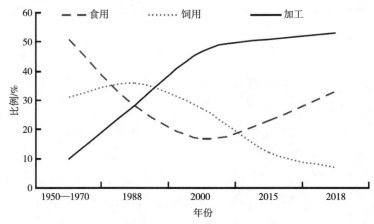

图1-1　我国甘薯消费趋势（摘编自王欣等，2021）

甘薯生产一直在中国国民经济中占有重要的位置，其独具的高产特性和广泛的适应性曾为解决中国人口激增带来的温饱问题做出了重要贡献。改革开放前中国甘薯种植面积曾超过1 000万公顷，许多人曾有"一年甘薯半年粮"的记忆，更有"甘薯救活了一代人"的说法（马代夫等，2012），甘薯产业对应急救灾和保障国家粮食安全的作用不容低估。

据FAO统计，1961—1979年，中国甘薯种植面积始终占世界种植面积的50%以上，产量占世界产量的80%以上。改革开放以来甘薯种植面积下降较快，甘薯不再作为主粮，"粗粮、救灾粮"作用也已不明显。进入21世纪，根据FAO统计，中国甘薯种植面积和总产量仍有下降（图1-2），但是据国家甘薯产业技术体系专家调研，中国甘薯种植面积及总产量近10年来相对稳定，种植面积为400×10^4公顷左右，总产量$1\ 000 \times 10^8$千克。主要原因是甘薯统计面积受种植补贴政策的影响，明显低于实际种植面积。随着育种、栽培技术的进步和应用推广，中国甘薯种植的单产水平显著提高。据FAO统计，2018年中国甘薯单产达到每公顷22 378.5千克，已经从20世纪60年代的接近世界平均水平提升至平均水平的1.96倍（图1-3）（王欣等，2021）。

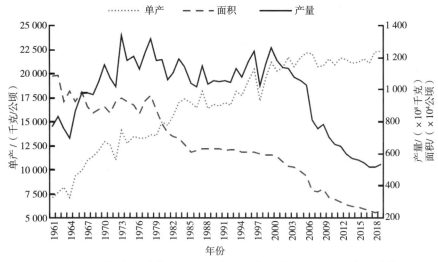

图1-2 1961—2018年中国甘薯面积、总产、单产趋势变化（摘编自王欣等，2021）

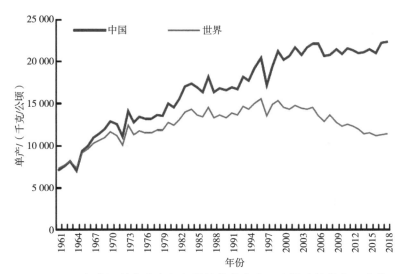

图1-3 1961—2018年中国甘薯单产与世界甘薯单产水平比较（摘编自王欣等，2021）

1.1.2 中国甘薯生产区域布局划分

甘薯在中国种植的范围很广泛，南起海南，北到黑龙江，西至四川西部山区和云贵高原，均有分布。根据甘薯种植区的气候条件、栽培制度、地形和土壤等条件，一般将中国的甘薯栽培划分为5个生态种植区，分别为北方春薯区、黄淮流域春夏薯区、长江流域夏薯区、南方夏秋薯区和南方秋冬薯区（江苏省农业科

3

学院等，1984）。为便于栽培技术评价和品种鉴定的组织，传统上又将北方春薯区、黄淮流域春夏薯区合并为北方薯区，南方夏秋薯区和南方秋冬薯区合并为南方薯区。这样我国的甘薯种植区域一般又可划分为北方薯区、长江流域薯区和南方薯区三大薯区。北方薯区主要包括淮河以北黄河流域的省（区、市），涉及北京、山东、河南、河北、山西、陕西、安徽和江苏淮河以北地区；长江流域薯区主要包括除青海以外的整个长江流域，即江苏、安徽、河南三省淮河以南，陕西的南端，湖北、浙江全省，贵州的大部分地区，湖南、江西、云南三省的北部以及除川西北高原外的全部四川盆地；南方薯区则包括福建、江西、湖南三省的南部，广东、广西北部，云南省中部和贵州省南部的部分地区，以及台湾嘉义以北的地区（马代夫等，2021）。

2013年，在全国农业技术推广中心的组织协调下，为进一步加快甘薯产业的协调发展，满足消费者的需求，通过充分调研，将我国甘薯种植区域划分为4个优势区，分别为北方淀粉型和鲜食型甘薯优势区，西南加工型和鲜食型甘薯优势区，长江中下游加工型和鲜食型甘薯优势区，以及南方鲜食型和加工型甘薯优势区（马代夫等，2021）。经过多年发展，甘薯产业将逐步向优势区集中，我国甘薯产业优势区域布局渐趋形成，区域产业优势进一步凸显（张超等，2021）。

1.2 中国甘薯栽培技术进展

据考证，中国甘薯栽培最系统的书籍是清代陈世元所著的《金薯传习录》，记载了几代人栽培甘薯的经验体会，包括耕作、种植、保种、推广应用等，是中国甘薯栽培较为完整的历史资料。盛家廉等前辈编写的《甘薯》（盛家廉等，1957）是新中国最早的甘薯栽培的专业书籍。20世纪70年代以后，随着甘薯的有性杂交育种理论的成熟，甘薯新品种大量出现，甘薯栽培的书籍相继出版，如山东人民出版社的《地瓜》（山东农业科学院作物研究所等，1977）、科学出版社的《甘薯》（烟台地区农业科学研究所，1978）、农业出版社的《甘薯栽培技术》（盛家廉等，1980）等。1984年，我国第一部最完整、最系统的《中国甘薯栽培学》（江苏省农业科学院等，1984）诞生，标志着我国甘薯栽培学发展进入了一个新的时代。1978年改革开放以后，科技人员的活力得到了较大的发挥，积攒了十多年的科技力量得到爆发，在育苗、改土、施肥、灌溉、选种、密植、植保、田管、机械、贮藏、加工等各个方面都取得了大量的研究成果，使甘薯的产量得到快速提升（范泽民等，2018）。进入21世纪以来，甘薯产业发展受到国家重视，2008年农业部组织成立国家甘薯产业技术体系，集中了全国不同省份甘薯研究专家，围绕甘薯产业发展的各个环节开展相关研究。2021年，《中国甘薯》的出版代表着我国甘薯产业发展和相关研究达到一个新水平。

甘薯是以块根为主要经济产量的作物，多年来的栽培技术研究发现，块根产量、品质的形成和调控是栽培技术研发的出发点和落脚点。随着作物根系、根际等前沿基础研究的不断深入，结合我国甘薯产业发展的新形势和新要求，在今后一个时期，我国甘薯栽培将进一步突出田间大环境与根系小生境结合、良种与良法结合、农机与农艺结合，提高甘薯生产水平和经济效益，具体体现在以下3个方面：一是将甘薯栽培重心前移，改"重管"为"重苗"，以壮苗、齐苗为核心开展种薯脱毒、高剪苗等栽培技术研究；二是将甘薯栽培技术综合化，以绿色化、轻简化、精准化为核心，在田间实行旋耕、施肥、覆膜、种植等水肥药一体化作业，基于无人机开展生育群体的前期、中期和后期全程、减量的化学控制，实行打蔓、收获、分拣的联合收获作业，为实现"平原地薯干倍增、丘陵地产量翻番、盐碱地提质增效"提供了综合解决方案，为甘薯规模化种植、机械化生产奠定基础；三是随着滴灌水肥一体化技术的大力推广，实现甘薯全生育期水分和养分的精准管理。抛弃传统的将所有肥料在整地时一次施用的习惯，改为根据甘薯不同生育时期对养分的需求，实行基施有机肥和复合肥、滴灌追施氮钾肥的模式（张立明，2020）。通过氮钾肥后移的施肥措施，使甘薯整个生育期都得到养分的均衡和有效供给，既节肥，又增产，还提质，最终实现增效。

1.3　水肥一体化技术发展及其在甘薯生产中的应用

水肥一体化技术又称灌溉施肥技术，是20世纪70年代引入我国并逐渐发展起来的。经过几十年的发展和技术改进，目前该技术已在我国多数作物中得以推广和使用，并获得显著的经济效益。但是，受甘薯传统种植技术与习惯的影响，该项技术在甘薯中的应用却很少，其原因主要包括以下3个方面：一是与甘薯水肥一体化技术应用配套的农业机械少；二是甘薯种植的比较效益低，农民不愿为甘薯水肥一体化设施设备增加投入；三是与水肥一体化配套的专用肥品种少，价格昂贵。但是不可否认的是，水肥一体化技术在甘薯生产中的应用具有以下3个方面的优势。

（1）**解决季节性干旱年份的甘薯灌溉问题**　我国地域辽阔，不同地区气候特点迥异。长江以北大部分地区年降水量400～600毫米，西北干旱地区年降水量甚至在300毫米以下，极易发生春旱和秋后干旱，而这两个季节正是甘薯地上部群体发育与地下部薯块膨大的关键时期。长江以南地区虽然降水量较多，但降雨集中，季节性的干旱现象也时常发生，成为影响甘薯生长发育的一个重要因素。若利用传统的沟灌方式给甘薯补水，不仅用水量大，还易导致前期甘薯茎蔓旺长；后期灌溉则造成土壤湿度过大、通气不良而影响甘薯块根发育。在气候干旱年份，通过田间滴灌系统对甘薯适量供水，既可缓解干旱对甘薯生长的不利影响，又能避免因灌溉而造成通气不良的问题。

（2）**解决甘薯生长后期追肥难的问题**　常规的甘薯施肥方式是将所有肥料作为基肥一次性施入，这种施肥方式极易造成甘薯前期营养过剩、群体发育过大、茎叶徒长、源-库比例不协调，后期因氮、钾不足影响薯块发育，最终导致薯块产量与品质下降。由于甘薯地上部匍匐生长，后期茎蔓覆盖地面，很难进行追肥以补充养分。滴灌施肥技术可以根据甘薯营养的缺乏状况，应用滴灌系统追施适量的肥料，满足甘薯生长后期薯块膨大对养分的需求，提高甘薯产量及其品质。

（3）**提高甘薯栽插效率与薯苗成活率**　薯苗的栽插质量是保证甘薯产量与商品率的关键环节。由于甘薯机械化插秧难度很大，目前我国甘薯栽培采用人工栽插的方式，包括挖穴、插秧、浇水、埋墩等环节，用工量多，劳动强度大。据统计，甘薯插秧每公顷需要人工30～35个。如果覆盖地膜，每公顷需要人工40～50个。有时浇水不均匀，影响甘薯的成活率。甘薯滴灌栽培技术与机械化打垄、覆膜相结合，可显著提高劳动效率，保证甘薯栽插质量与薯苗成活率，为甘薯生长与高产打下良好的基础。

第2章　甘薯对水分的需求与水分管理

　　甘薯多种植在旱薄地上，生长过程中受土壤水分、养分含量的影响很大，各地需根据具体的气候条件、土壤环境条件来调节土壤水分和养分状况，以获得理想的产量。适宜的土壤水分可以调节土壤温度、空气和养分状况，为甘薯生长发育创造有利的生长环境；适宜的氮磷钾配比既能促进甘薯地上部生长，还能促进碳水化合物由叶片向块根的运输，提高块根干重与单株干重的比值，促进块根迅速膨大，增加块根产量（郭清霞等，2001；ANKUMAH et al.，2003）。

2.1　甘薯生长发育对水分的需求

　　作物的需水量一般用两种方法表示：一是蒸腾系数，即每形成一个单位重量的干物质所需要的水分重量；二是田间耗水量，它包括叶面蒸腾与株间蒸发（旱作作物一般不包括土壤渗漏）。前者是作物生产一定数量的干物质所耗去的水分，反映了在一定生态条件下的生理需水特性；后者是作物在一定的环境条件下单位面积的总耗水量，反映了作物群体生态需水量。

2.1.1　甘薯一生耗水量与耗水动态

　　据国内外研究，甘薯蒸腾系数为300~500，略低于一般旱作作物。但是，甘薯枝繁叶茂，营养体较大，单产较高，生育期较长，生长期间植株的含水量高达85%~90%，块根含水量一般也在70%左右，因此，栽培过程中甘薯田间耗水量的绝对数值却高于一般旱作作物。据研究，甘薯的田间耗水量因各地生态条件和农业技术水平的不同，差异颇大，一般为500~800毫米，相当于每亩耗水量400~600米^3。

　　甘薯一生的田间耗水量虽因环境条件不同而异，但整个生育期中的耗水动态却有共同的规律，即栽苗后因植株小，叶面蒸腾量低，株间空间虽大，但由于温度低，株间蒸发量也较小，故田间耗水量低，此时期耗水量占总耗水量的20%～30%，一般每亩①昼夜耗水量为1.3～2.1米³；随植株生长，田间耗水量也随之增加，到茎叶盛长期达最高值，此时期温度上升，叶面积指数达到最大，是甘薯耗水最多的时期，一般占总耗水量的40%～45%，每亩昼夜耗水量可达5.0～5.5米³；之后茎叶生长缓慢，植株衰退，耗水量又开始下降。因此，整个生育期甘薯耗水量的动态是低—高—低，耗水量高峰出现在茎叶盛长期。

2.1.2 甘薯不同生育期需水动态

与甘薯一生的耗水量动态相对应，甘薯在不同生育时期的需水特点，也存在显著差别。

（1）发根分枝结薯期 此时期薯苗尚小，且根系正在建成中，吸收机能低，耗水量小。但此时期土面暴露多，导致土面蒸发量大，土壤缺水极易导致薯苗发根的延迟，使缓苗时间延长，甚至造成缺苗。这一时期的土壤水分一般以保持在土壤田间持水量的60%～70%为宜。春薯栽插时，气温不高，土壤水分不低于65%即可。夏薯栽插时，气温较高，土壤水分宜稍高于春薯移栽时的水分含量。

（2）蔓薯并长期 此时期茎叶生长迅速，叶面积大量增加，加上气温升高，蒸腾旺盛，在水分的吸收与损耗方面易发生矛盾，这时的供水状况一方面对个体与群体光合面积的增长起制约作用，另一方面又影响茎叶生长与块根养分积累的协调关系。如这时供水不足，首先，茎叶生长减弱，达不到足够的光合面积，不能充分利用光能；其次，地上部的光合能力也因缺水而变弱，导致光合产物的合成和积累减少。但如果土壤水分含量过高，结合高温多肥，往往引起茎叶徒长，带来有机养分配上的失调，降低块根产量。因此，这个时期的土壤水分以保持土壤田间持水量的65%～75%为宜。

（3）薯块盛长期 此时期茎叶生长渐缓，最后停止生长，而块根则迅速膨大，加之气温渐低，耗水量较前期减少，一般占总耗水量的30%～35%。昼夜耗水量在2米³/亩左右。这个时期适当的供水仍然是重要的，它既可使叶部生理机能不致早衰，又保证了光合产物向块根运转所需的介质。但如果土壤水分含量过多，对甘薯生长也是有害的。因为在有机养分合成和积累过程中需要消耗大量的

---

① 亩为我国常用的耕地面积计量单位，本书保留使用。1亩约等于666.7米²。

能量，土壤通气性的恶化会影响甘薯的正常呼吸作用，不能提供必要的能量，从而导致块根减产，干物质率下降。此时期如果缺水，植物易早衰，块根生长减缓，甚至过早结束有机养分的积累过程，使产量降低。此时期土壤水分以保持土壤田间持水量的55%～65%为宜。

总之，甘薯从栽插到收获对水分的需求大体上可根据耗水强度经历由低到高，然后再由高到低的变化过程，甘薯一生中在蔓薯并长期需水量达到高峰，此后随着生育期衰退，需水量逐渐减少。

2.2　甘薯的耐旱特性

甘薯一方面需水较多，另一方面耐旱能力却较一般作物如小麦、玉米强，这是甘薯稳产性好的一个重要因素。另外，甘薯的再生力特强，其块根、茎和叶的各个部分都可以作为繁殖器官，生长着的蔓即使悬挂在空中，只要空气湿度稍高，其节部也可长出新根。因此，甘薯在受旱后若遇适当水分供应，能较快恢复生长，干旱对甘薯的损伤以及对单位面积产量的影响较其他作物为轻。甘薯的这种耐旱性是在其系统发育过程中对环境胁迫所形成的一种适应性，甘薯原产地旱涝交错，秋冬季节长期干旱，甘薯在经历了长期的自然选择、适应性进化以后，在个体发育上表现出了以下耐旱特性。

首先，甘薯具有非常发达的吸收根系，入土可达1米以上，能够利用较大范围及深层水分。据观察记载，在薯苗栽插25天后观察，甘薯根系长度就已达40厘米以上，到第100天前后观察，甘薯根系可长达150厘米以上。

其次，甘薯体内束缚水含量较高，耐脱水能力强。植物体内水分有两种存在形式：自由水和束缚水，前者不被细胞中的胶粒或渗透物所吸引或吸引很少，在温度升高时易变成水汽散失掉；后者则相反，被细胞中的胶粒或渗透物质牢牢吸引，不能自由移动，维持着细胞器一定的结构和原生质胶体化学特性的稳定，在温度升高时不易被蒸发。因此，束缚水能减轻干旱危害。张宪初等（1999）研究发现，当土壤绝对含水量降到11.2%时，夏玉米和谷子在中午表现出明显的叶片失水卷曲现象，而甘薯则未出现萎蔫症状。

再次，甘薯在供水不足时，植株可以发展成适应旱生的形态结构。在生长期间供水（雨水和灌溉等）较少的条件下，植株常表现出细胞和叶片变小、叶的输导组织变密、叶片变厚、气孔变小等。这些旱生性形态结构在一定程度上能降低水分的损耗，增强叶组织的耐脱水能力。

最后，甘薯在收获前，块根含水量一般为70%～80%，遇到干旱时，在一定程度上块根对水分能起到自动调节作用，一旦改善供水条件，茎、叶、根能较快恢复生长，这也是甘薯在供水不足时并不停止生长的重要原因之一。

研究证实，虽然甘薯较一般旱地作物耐旱力强，但水分不足对甘薯生长及块根产量形成都有重大影响。肖利贞等（1986）利用郑红5号、徐薯18两个甘薯品种开展多年的试验结果发现，甘薯的叶片数、茎总长与土壤含水量呈显著正相关，后期土壤含水量过低，产量明显下降。土壤含水量与叶片相对含水量、自由水/束缚水及蒸腾强度呈正相关，而与气孔扩散阻力、自然饱和亏缺和需水程度呈负相关。可见，土壤水分不足，可能使气孔扩散阻力增大，二氧化碳不易进入体内，叶片内水分含量降低，直接影响光合作用进行。Sung（1985）针对甘薯水分胁迫的试验结果显示，甘薯缺水能显著降低叶片二氧化碳交换速率，使叶绿素和可溶性蛋白质含量降低，核酮糖1，5-二磷酸羧化酶活性下降，影响光合作用和营养物质的转化积累。当叶片水势大于-1.0兆帕时，叶片扩散阻力不受影响，当叶片水势小于-1.0兆帕时，二氧化碳的交换率不仅受气孔因素的影响，也受非气孔因素的影响。当叶片水势从-1.0兆帕降至-1.45兆帕时，扩散阻力呈线性增加。

2.3 干旱胁迫下甘薯的生理响应

甘薯虽比其他作物耐旱，但整个生育期内仍存在水分临界期。在我国北方薯区，甘薯常遇到不同程度的干旱，这限制了其产量的进一步提高。但是，受到干旱胁迫时，甘薯会产生以下生理响应来适应环境的变化。

2.3.1 甘薯渗透调节的变化

渗透调节是甘薯适应干旱逆境的重要生理机制，在干旱胁迫下甘薯叶片中的渗透调节物质会发生变化。遭遇干旱胁迫后，甘薯能通过代谢活动来增加细胞溶质浓度，降低自身渗透势，使细胞能从外界继续吸水，保持膨压稳定。在此过程中，各种渗透调节物质是保证该干旱适应方式的关键。甘薯渗透调节物质主要包括两大类：①无机离子，如K^+、Na^+、Ca^{2+}、Cl^-等；②有机物质，如游离氨基酸、可溶性蛋白质、可溶性糖等。研究发现，甘薯遭遇干旱后会迅速在细胞内累积蔗糖，蔗糖的积累可产生超饱和液体，通过玻璃态化作用来保护细胞，防止细胞溶液产生结晶，避免细胞塌陷，限制了大分子的混合，使细胞处于稳定的静止态。

2.3.2　甘薯活性氧代谢变化（抗氧化酶）

甘薯叶片抗氧化酶活性会随干旱程度的变化而发生改变。膜系统是受干旱胁迫影响的关键和最初部位，干旱胁迫条件下膜脂的过氧化作用与细胞内自由基有着密不可分的关系。膜脂过氧化作用的主要产物有丙二醛（malondialdehyde，MDA）、过氧化氢酶（catalase，CAT）、过氧化物酶（peroxidase，POD）、超氧化物歧化酶（superoxide dismutase，SOD）等。其中，MDA是膜脂过氧化作用的主要产物，其含量可反映植物受伤害的程度。CAT、POD、SOD等物质则具有清除自由基、维持氧化还原平衡的作用。相关分析表明，MDA含量与SOD活性呈显著负相关，且SOD活性与MDA含量分别与甘薯抗旱性呈极显著正相关和负相关。在干旱胁迫条件下，甘薯叶片中抗氧化酶活性、过氧化氢、超氧阴离子自由基等均积累增加。同时，干旱胁迫加剧了叶片膜脂过氧化水平，使MDA含量增加，增大了细胞膜透性。

2.3.3　甘薯内源激素的变化

内源激素的变化是甘薯对干旱胁迫信号的感知与传递，气孔调节和生长变缓是对信号传递后的生理反应。干旱胁迫下，甘薯叶片中脱落酸（abscisic acid，ABA）含量会增加，而赤霉素（gibberellins，GA$_3$）、吲哚乙酸（indole-3-acetic acid，IAA）、玉米素核苷（zeatin riboside，ZR）及吲哚丙酸（indolyl-3-propionic acid，iPA）含量均有不同程度的下降，且品种抗旱性越弱，ABA增加的幅度越大，GA$_3$、IAA、ZR及iPA含量下降的幅度越小。GA$_3$、IAA、ZR及iPA都是促进植物生长发育的内源激素，可以提高蔗糖转化酶和核酮糖双磷酸（RuBP）羧化酶的活性，增加叶片中可溶性蛋白质的含量，进而提高叶片光合能力，促进甘薯茎叶生长。ABA是一种抑制生长的植物内源激素，逆境条件下它的增加使甘薯体内核糖核酸（ribonucleic acid，RNA）和蛋白质合成减弱，细胞代谢变缓，从而降低植株生长速度，减少水分过度消耗。另外，ABA还能促进气孔关闭，以减少蒸腾带来的水分散失。

2.3.4 甘薯叶绿素荧光及光电子特性

光合作用是甘薯最重要的生理活动之一，是产量形成的基础，其干物质90%来自光合作用。而叶绿素荧光参数可以准确地反映甘薯光合作用的情况。利用叶绿素荧光诱导动力学方法可以灵敏、快速、无损伤探测干旱胁迫对甘薯光合作用的影响，且可以用来鉴定甘薯品种的抗旱性。干旱胁迫对甘薯光合作用的影响是多方面的，不仅直接损伤了光合机构，也阻碍了光合电子传递。在干旱胁迫下，甘薯叶片为避免缺水对光合器官的损伤，迫使光合系统Ⅱ（PSⅡ）光化学活性下降，叶绿素衰减和光合膜的功能失调，叶片以热耗散形式消耗捕获的过剩光能，从而导致光合能力下降，光能利用率低，光合产物向薯块转移受阻，产量下降。

2.4 甘薯灌溉技术

科学的水分管理，在于保证灌溉质量和经济用水，并符合甘薯生长的习性。一般甘薯除栽插后较短时期内要求表土处于湿润状态外，其他生长阶段，均要求在吸收根分布较多的下层土中含有充足的水分。而在块根区内的土层，既要有一定的土壤水分，同时又要有良好的通气性。一般在10～15厘米的表土层内不可过湿，以免影响通气状况。随着水肥一体化技术的发展和推广应用，甘薯的灌溉技术也经历了从传统灌溉技术向现代节水灌溉技术的转变。传统的灌溉方法主要包括穴灌和沟灌两种模式，而现代节水灌溉技术，则是通过滴灌水肥一体化系统，结合甘薯不同生育期需水规律，对甘薯进行科学的水分管理模式。

2.4.1 传统灌溉技术

传统的灌溉技术，主要包括穴灌和沟灌等，均是在甘薯生产中没有完善或先进灌溉设施的条件下采用的灌溉方式。

（1）**穴灌** 穴灌是指在栽苗后，用手持容器对薯苗一棵一棵进行灌溉，每棵薯苗灌水量300～500毫升，该灌溉模式仅应用于甘薯移栽后的发根缓苗水。穴灌能使薯苗移栽后插入土壤的部分保持湿润，有利于发根缓苗，但穴灌所需劳力较多且不易灌透土壤，在干旱严重的季节，穴灌用水量太少，往往达不到甘薯发根缓苗对土壤水分的要求。

（2）**沟灌** 沟灌是指沿甘薯垄沟进行灌水的一种灌溉方式。沟灌下的土壤水分向纵深发展，能够保证甘薯吸收根分布的区域有充足的水分，而表土则可通过毛细管作用，使土壤有适宜的湿度并保持了良好的通气性。沟灌水深度一般以垄高的1/3 ~ 1/2为宜。沟灌灌水均匀，但灌水较多，因垄沟长时间蓄水易导致垄体塌陷，通气性变差，故垄土浸透后应立即排水。

2.4.2　节水灌溉技术

（1）**滴灌**　滴灌是按照作物需水要求，通过管道系统与安装在毛管上的灌水器，将水和作物需要的养分一起均匀而又缓慢地滴入作物根区土壤中的灌水方法。滴灌蒸发损失小，不产生地面径流，几乎没有深层渗漏，不破坏土壤结构，土壤内部水、肥、气、热能经常保持适宜于作物生长的良好状况，是一种省水的灌水方式。

（2）**喷灌或微喷灌**　喷灌或微喷灌是利用喷灌机进行的，在大面积进行喷灌时需要建立一套喷灌系统。喷灌系统通常包括水源、动力、水泵、管道系统及喷头等。根据喷灌系统各部分在灌溉季节中可移动的程度，可分为固定式、移动式和半固定式。喷灌也可适时适量地为甘薯供水并改善田间小气候，促进甘薯生长发育和提高甘薯产量。由于喷灌基本上不产生深层渗漏和地表径流，而且潜水比较均匀，通常可省水30% ~ 50%。此外，还有省工、节本、减少土壤肥水流失、保持垄土疏松不板结和防止土壤次生盐碱化等优点。喷灌的主要缺点是受风的影响大，一般四级以上的风力就不利于喷灌。微喷灌是通过铺设田间的微喷带进行的，在甘薯封垄之后受茎叶遮挡的影响，微喷灌方式无法使用。

第3章 甘薯对养分的需求与养分管理

甘薯根系深而广，茎蔓匍匐地面也会生出不定根，能够耐较低的土壤肥力，即使在一些对其他作物来说非常贫瘠的土地上，甘薯也可以从土壤中吸取自身所需要的养分，获得较高的产量。然而，在贫瘠的土地上获得的产量仅是甘薯潜在产量的一部分，只要稍微增加一些养分供给，就能使甘薯产量大幅度提高。

3.1 甘薯生长发育对养分的需求

3.1.1 甘薯养分需求总体特征

甘薯根系深而广，茎蔓能着地生根，对养分的吸收能力很强，所以即使在贫瘠的土壤上，只要水分充足，甘薯的茎蔓也能长得非常茂盛，同时地下部块根也可得到一定产量，这往往使人误认为甘薯不需要施肥。其实，已有研究表明，对于中等以上产量的地块，每生产1 000千克的鲜薯，要从土壤中吸收3.5千克的氮（N）、1.8千克的磷（P_2O_5）、5.5千克的钾（K_2O），氮磷钾的比例约为1∶0.5∶1.5。同时，微量元素铁、锰、铜、锌、硼等不仅对甘薯产量和品质的提升有一定的促进作用，还可以提高其抗病虫害的能力，只是由于甘薯对其需求量很少，因此容易被人忽视。氯也是微量元素的一种，适量施用含氯化肥可提高甘薯块根产量，但当施用氯化铵、氯化钾等含氯化肥超过一定量时，会导致淀粉型甘薯薯块淀粉含量降低，使鲜食型甘薯薯块不耐贮藏，同时降低其可溶性糖含量，进而降低口感。表3-1列出了产量为每公顷12吨（全球平均产量）和每公顷50吨（高产）的块根大约带走的养分。

表3-1 甘薯从土壤中带走的养分估量   单位：千克/公顷

养分	产量水平——12吨/公顷		产量水平——50吨/公顷	
	块根	块根和茎叶	块根	块根和茎叶
氮	26	52	110	215
磷	6	9	25	38
钾	60	90	250	376
钙	3.6	16.0	15.0	65.0
镁	3.0	6.5	12.5	27.0
硫	1.8	4.3	7.5	18.0
氯	10	18	43	75
铁	0.06	0.16	0.25	0.67
硼	0.024	0.074	0.100	0.310
锰	0.024	0.175	0.100	0.730
锌	0.036	0.062	0.150	0.260
铜	0.016	0.037	0.075	0.155
钼	0.004	0.006	0.015	0.023

注：引自《甘薯的养分失调》（澳大利亚国际农业研究中心，1997）。

以上结果充分说明，在大量元素中，甘薯对钾的需求量最大，氮次之，磷最小。根据我国甘薯主产区172个肥料试验，氮、磷、钾的施用比例为1：0.68：0.66。与研究结果相比，生产中甘薯种植区养分施用比例失衡，钾肥施用比例过低，而磷肥施用比例偏高。但是，氮、磷、钾肥具体施用量或施用比例也并不是固定不变的，不同地区的试验结果可能存在较大差异，可能是地力条件的差异和试验所用甘薯品种的不同所致。若想获得理想产量，大量元素的合理搭配只是增产因素中的一个重要方面，还需要结合土壤肥力状况与品种特性，密切配合选用健康种苗、合理密植、调控水分及加强田间病虫害管理等一系列增产措施才能实现。

3.1.2 甘薯不同生育阶段的养分需求特点

在不同的生育阶段，甘薯对大量元素的需求量不相同，同时它也受土壤、气候及其他要素的影响。生长早期,甘薯根系还不发达,对养分的吸收能力弱,养分需求较少;从分枝结薯期至茎叶盛长期,甘薯生长迅速,对养分的吸收速度加快,需求量也随之增大,至薯块膨大期吸收速率达到高峰,此时期甘薯地上部生长迅速,地下部块根快速形成。此后,甘薯对氮、磷的吸收量减小,而对钾的吸收量则仍保持在较高的水平,从而保证地上部营养物质快速向地下部转移,促进甘薯块根膨大。从甘薯一生吸收氮、磷、钾养分的动态来看,甘薯对钾的吸收量均高于对氮、磷的吸收,在薯块膨大期尤为明显。对氮的吸收在生长早期直到茎叶盛长期均较多,后期逐渐减少;对磷的吸收规律虽然与氮相似,但甘薯一生对磷的吸收量均较少。自2008年国家甘薯产业技术体系成立以来,江苏省农业科学院对不同甘薯品种在不同生育阶段的养分吸收情况开展了大量调查研究,结果显示,超过50%的氮、磷、钾养分在甘薯的生长中期被吸收(马代夫等,2021)。

3.1.3 不同土壤条件下甘薯养分需求特点

甘薯对养分的吸收在很大程度上受到土壤地力条件的影响。土壤中养分含量高,甘薯对养分的吸收量也相应增大。甘薯地上部对土壤养分的吸收受土壤养分含量影响的程度高于地下部,如在高肥区茎叶中的氮含量明显高于中肥区和低肥区,而薯块中的氮含量则与中肥区、低肥区的差异较小。

除土壤养分含量外,土壤质地也对甘薯养分吸收产生影响。在不同的质地条件下,土壤容重、孔隙度、持水能力及温度有明显区别,导致甘薯根系对养分的吸收能力不同。同时,不同质地土壤的供肥性能也不相同。砂质土壤供肥时间短,甘薯吸收养分的量就少;壤质土壤供肥时间长,甘薯吸收养分的量就多一些。研究表明,全生育期生长在砂质土壤和黏质土壤的甘薯植株中氮的含量比约为1:1.1,而植株和块根中的钾氮比(K_2O/N),砂质土壤均高于黏质土壤。此外,土壤质地对甘薯植株体内养分含量产生影响,一般对氮和钾的影响较大,对磷的影响相对较小,因为甘薯本身对三者的需求量就不相同。

3.1.4 不同产量水平条件下甘薯养分需求特点

形成一定经济产量所需要的养分吸收量与产量水平有关(浙江农业大学,1990)。同一品种甘薯在不同产量水平下对养分的吸收也有差异。但与多数作物不同的是,甘薯在产量较高时,其氮素吸收量反而下降,而磷、钾吸收量变化不明显（表3-2）。甘薯品种间每1 000千克鲜薯吸氮量差异较大，范围为2.30～5.31千克。但对同一品种而言，产量越高，每1 000千克鲜薯吸氮量越低，两个甘薯品种均有相同的趋势；而每1 000千克鲜薯磷、钾的吸收量则随着产量的变化呈不规律变化。但即使如此，甘薯获得高产仍需吸收大量氮素养分，如表3-2所示，每公顷甘薯吸收的氮素大约为150千克。而我国甘薯生产实践中氮肥的平均投入量每公顷只有103.5千克（宁运旺等，2011），甘薯鲜薯平均产量每公顷只有22 500千克，这与甘薯高产潜力远未得到发挥有关。

表3-2   不同产量水平甘薯的养分吸收规律

甘薯品种	产量水平/（千克/公顷）	1 000千克鲜薯养分吸收量/千克			N：P$_2$O$_5$：K$_2$O比例	养分吸收量/（千克/公顷）		
		N	P$_2$O$_5$	K$_2$O		N	P$_2$O$_5$	K$_2$O
徐22	62 760	2.30	0.96	2.43	1.00：0.42：1.06	144.30	60.30	152.55
	57 270	2.65	0.94	2.40	1.00：0.35：0.91	151.80	53.85	137.40
苏薯8	52 770	3.34	1.38	4.74	1.00：0.41：1.42	176.25	72.75	250.20
	45 180	5.17	1.78	6.85	1.00：0.34：1.32	233.55	80.40	309.45
	37 650	5.31	1.55	5.23	1.00：0.29：0.98	199.95	58.35	196.95

注：引自《中国甘薯》（马代夫等，2021）。

3.1.5   氮磷钾养分在甘薯不同器官中的分配

甘薯从土壤中吸收氮、磷、钾等养分，经过光合作用，转化为碳水化合物、蛋白质、脂肪等营养物质并分配到不同器官。因不同营养物质在甘薯不同器官的分布不同，所以氮、磷、钾等营养元素在甘薯不同器官中的分配存在较大差异。这就导致在甘薯收获时，其地上部茎叶和地下部块根对氮、磷、钾的吸收总量接近，但是在吸收比例上有所不同。以"宁紫1号"为例，氮、磷、钾的吸收比例茎叶为1.00：0.60：2.03，块根为1.00：0.82：2.69。

国内外众多的研究资料均表明，在甘薯整个生长期内，地上部氮含量均高于地下部，叶片氮含量高于叶柄和茎（马代夫等，2021；宁运旺等，2011）。在不同生长阶段，氮在甘薯茎叶中也是动态变化的，一般薯苗移栽后，其茎叶中的氮会先下降，至根系发育完整并具备养分吸收能力后，茎叶中的氮再逐渐增加，直到薯蔓并长期结束，茎叶中的氮达到最大并开始缓慢下降。对块根中的氮而言，在快速膨大期之前，其含量一直是缓慢增加的，直到快速膨大期，块根中的氮才因为稀释效应而急剧下降，而到了块根膨大后期，氮含量逐渐趋于稳定。

甘薯植株中的磷含量相对较低，在生育期内大部分时间均维持在0.3%～0.7%范围内。甘薯植株中的磷含量即使在块根的快速膨大过程中变化也不大，直到甘薯生长末期磷含量才有所下降，其范围为0.2%～0.4%。在整个生育期内，地上部磷含量均高于地下部，叶片高于茎和叶柄，而地下部块根和纤维根中磷含量差异不大。

钾素在甘薯体内的含量也是地上部高于地下部，地上部叶柄中钾含量最高，可达叶片或茎的2倍甚至更多。叶柄作为钾的暂存器官，其钾含量变化较大，当植株其他部位缺钾时，钾可以由叶柄转运至缺钾部位进行补充。有意思的是，对同一条茎蔓来讲，在薯蔓并长期，其顶部叶片中的钾含量高于基部叶片，而到了甘薯生长末期，其顶部叶片中的钾含量则低于基部叶片。不同生育阶段叶柄中的钾含量变化与叶片类似。

3.2 元素的营养功能与缺素症

3.2.1 氮

3.2.1.1 氮素对甘薯的营养功能

氮是蛋白质的重要组成部分。作物对氮元素的需求要大于在大多数土壤中的天然氮。因此，增施氮对许多作物产量都呈正效应，但对甘薯来讲，通常少量施氮可以增产，而过多施氮则会减产。出现这种不正常反应的原因是氮元素的补充对甘薯体内干物质分布有很大影响，对甘薯过多施氮将会导致茎叶旺长而消耗了块根的营养。

试验和生产实践一致证明，甘薯茎叶的生长随施氮量的增加而增加。叶片是利用光能制造养分的器官，在一定范围内叶片的光能利用率与叶面积指数有关，而叶面积指数必然随着茎叶生长量的加大而提高。但是，如果施氮过多或密度过大，致使叶面积指数高达一定数值时，不但不能增产反而会减产，这是因为在叶面积指数过高时上层叶片对下层叶片的遮光，导致净同化率下降。有研究表明，当甘薯叶面积指数超过3.5时，净同化率即大幅度下降。其主要原因是甘薯群体具有水平的叶片结构，由于紧密地分布在有限的空间而造成杂乱的重叠，导致其对光的利用能力较其他作物差。

　　氮与甘薯根系的生长同样具有密切的关系。在土壤水解氮含量为40～100毫克/千克时，根量与氮含量呈极显著正相关。在块根分化时期，如果土壤中含有大量速效氮，会使根部中柱木质化程度加大，从而结薯期推迟而不能形成薯块，只能形成纤维根。甘薯的营养生长，大致可分为两个阶段：第一阶段在生长前期，主要以氮素代谢为主，表现为植株有较高的积累氮素的能力，促进茎叶快速生长，而植株体内碳水化合物的比例较低；第二阶段在生长后期，以碳素代谢为主，随着茎叶不断生长，碳素的同化过程加强，氮素积累迅速降低，碳水化合物不断从茎叶向块根中运输，促使薯块迅速膨大。可见，适量的氮素供应可以促使叶面积指数增大、增加叶绿素含量及提高叶片光合效能，但当氮素水平超过一定的限度，群体内净同化率会下降，以氮素代谢为主的阶段向以碳素代谢为主的阶段的转换推迟，从而影响碳水化合物向块根的转移，导致减产。可见，不同土壤氮水平下甘薯块根产量的差异，有时并非来自总干物质生产的差异，而是不同供氮水平对碳、氮代谢平衡的破坏，最终导致薯块干物质的分配比例下降。

3.2.1.2　甘薯缺氮症状

　　虽然施氮并不一定会使甘薯产量增加，但土壤缺氮对甘薯各部分的生长影响非常明显，如叶片缩小、叶色发暗、节间缩短、腋芽活力减弱、分枝减少、叶片容易早衰发黄等。一般情况下，在氮素供应不足时，老叶首先呈现缺绿，然后幼叶也同样呈现缺绿。在茎、叶柄、叶缘及叶背的主脉和侧脉间出现明显的紫色素斑点或坏死组织，症状进一步发展为老叶脱落，接近生长点部位的茎和叶柄出现大量细的毛茸。

3.2.2　磷

3.2.2.1　磷对甘薯的营养功能

　　磷是甘薯体内许多重要有机化合物的组分，DNA、RNA、核蛋白、磷脂和某些维生素等重要物质中都有磷的存在，作为一种结构和调控元素，磷在甘薯的生长发育过程中具有至关重要的作用。

　　磷对甘薯的生长发育和产量形成具有不同程度的影响，磷可以促进甘薯根系的生长发育，增强叶片光合作用，促进碳水化合物的合成和运输，增强甘薯抗旱和抗寒的能力，提高薯块淀粉含量和甘薯产量。但是，施磷的增产效应与土壤本身的磷含量有关，一般在缺磷的土壤上增施磷肥，对提高产量作用明显，而当土壤中有效磷含量超过60毫克/千克、施磷量（P_2O_5）超过30千克/公顷时，甘薯产量即不再增加。施磷对甘薯的品质有一定程度的影响，如施磷可以使薯形变长、甜度增加、质地变粉和贮藏性变好等（田江梅，2016）。适量施磷还有利于促进块根中蛋白质的积累，但随施磷量的增加，块根的蛋白质则有所下降。此外，有研究表明，施磷还利于淀粉快速吸水膨胀，提高淀粉的黏滞性。

3.2.2.2 甘薯缺磷症状

缺磷时甘薯幼根、幼芽生长缓慢，茎细叶小，叶片暗绿无光泽，老龄叶片出现黄斑，然后逐渐变紫，不久就会脱落（O'Sullivan等，1997）。在缺磷胁迫下，叶片最大荧光（Fm）、可变荧光（Fv）和PSⅡ最大光化学量子产量（Fv/Fm）下降，PSⅡ的光能转换和电子传递效率降低，甘薯碳、氮代谢受阻，碳同化效率下降，糖类积累和蛋白质合成受到抑制（马若囡等，2017）。宁运旺等（2013）选取生长性状差异较大的2个甘薯品种"苏薯11"和"苏薯14"做缺磷试验，结果表明，正常生长的甘薯叶片磷含量为2.7～6.3毫克/千克［平均为（4.2±1.3）毫克/千克］，当叶片中磷含量低于1.3毫克/千克时甘薯会出现明显的磷缺乏症状。

3.2.3 钾

3.2.3.1 钾对甘薯的营养功能

钾是植物需要量仅次于氮的矿质成分，对甘薯产量和品质影响最显著，它能延长叶片功能期，使茎叶和叶柄保持幼嫩。钾虽然不参与生物大分子的构成，但对促进蛋白质的形成、稳定蛋白质的构象、增强植物的光合作用和抗逆性有重要作用，被称为"品质元素"（Römheld等，2010）。此外，钾对加强薯块形成层活动、促进薯块膨大、加速光合产物的运输、促进淀粉的合成和积累、提高甘薯的净光合效率和经济产量系数均有重要作用。

光合作用是作物产量形成的基础，适度施钾可提高叶片光合速率。史春余等（2002）田间试验结果表明，适量供钾可增加甘薯功能叶和块根中的三磷酸腺苷（ATP）含量，增加块根中的脱落酸（ABA）含量，从而提高叶片中可溶性碳水化合物的装载效率和块根中可溶性碳水化合物的卸载效率，促进碳水化合物由叶片向块根的运输，使块根中的淀粉含量增加，提高块根干重与单株干重的比值，促进块根迅速膨大，增加块根产量。适量供钾还有利于提高块根"库"的活性，从而有利于光合产物由叶片向块根运输，提高^{14}C同化物在块根中的分配比例，增加产量。虽然有研究表明，长期不施钾肥可提高甘薯块根干物率，但由于鲜薯产量的大幅度下降，单位面积干物质产量则明显低于施钾处理。但是，值得注意的是，当土壤中供钾特别充足时，经常发生钾的奢侈消耗，进而对镁和钙的吸收及其生理有效性产生影响。在贵州紫云苗族布依族自治县白石岩乡甘薯核心种植片区，土壤中速效钾含量达到600毫克/千克甚至更高，部分地块甘薯就出现了钙、镁营养元素缺乏的现象。

有研究指出，甘薯体内干物质的分配不仅受叶片中钾和氮含量的影响，还受钾和氮的比值（K_2O/N）的强烈影响。K_2O/N高的干物质主要分配于地下部，K_2O/N低的干物质则主要分配于地上部。而作为限制块根膨大的主要因素是块根内的K_2O/N，比值越高膨大速度越快。据调查，在一些高产田块，甘薯块根的K_2O/N一般都大于2。由于块根中的K_2O/N与整个植株中的K_2O/N是一致的，因此，当发现植株中K_2O/N较低时就应增施钾肥，这是甘薯获得高产的措施之一。

3.2.3.2　甘薯缺钾症状

当甘薯叶片中氧化钾含量低于0.5%时，即有可能出现缺钾症状。甘薯缺钾时的早期表现为定型叶与老叶片上的叶脉间出现浅绿色斑；之后叶片逐渐变小，节间和叶柄变短，叶色变成暗绿色；到了后期，在老叶叶缘和叶脉之间的区域会出现失绿症，然后发展成棕色的坏死性损伤，并逐渐感染到整个叶片。另外，钾缺乏引起的坏死区域的颜色比较暗，而且干燥、易碎。与缺少氮和磷相比，缺钾对甘薯块根产量的影响要比对甘薯茎叶生长的影响大得多。

3.2.4　钙、镁、硫

钙离子是半径相对较大的二价阳离子。作为大分子结构物质的成分，钙的生理功能与其联结作用密切相关。近年来，钙作为环境因子与植物生长发育反应之间信号传导中的第二信使，引起了植物生理学和分子生物学界的广泛兴趣，钙的这种功能与它在细胞水平上的严格区域化有关。当甘薯叶片中的钙含量低于0.2%时，即可能出现缺钙症状，表现为幼芽生长点死亡，大叶有褪色斑点，薯块小而软。

镁不仅是叶绿素的组成成分，而且是核酮糖双磷酸（RuBP）羧化酶的活化剂，促进二氧化碳同化。由于其他阳离子如K^+、NH_4^+、Ca^{2+}、Mn^{2+}及H^+均能显著降低Mg^{2+}的吸收速率，因此，由竞争性阳离子引起的缺镁现象普遍存在。当叶片中镁含量低于0.05%时，甘薯即出现缺镁症，表现为叶小、向上翻卷、老叶叶脉间出现典型失绿现象，叶片呈红紫色或带有黄色。我国甘薯缺镁的报道很少，但是在南方酸性红黄壤上种植甘薯仍然需要考虑缺镁的问题。

硫是半胱氨酸和蛋氨酸的组分，因此也是蛋白质的组分。虽然高等植物的地上部可以吸收和利用大气中的二氧化硫，但对植物最重要的硫源仍是根部吸收的硫酸盐，而硫酸盐的长距离运输主要限于木质部。当叶片中硫含量小于0.08%时，甘薯出现缺硫症状。与缺氮症状相似，缺硫对植株地上部生长的抑制作用远大于对根系生长的影响，缺硫的典型症状是叶片中叶绿素含量的显著降低；与缺氮不同的是，缺硫症状可能发生在新叶（氮充足条件下），也可能发生在老叶（缺氮条件下），严重缺硫时整株叶片发黄。此外，值得一提的是，当甘薯缺钙时，可能伴有缺铁并发症，而当甘薯缺镁时，则可能会出现缺硫并发症（马洪波等，2015）。

3.2.5 微量元素

微量元素在植物体中一般仅占到植株干重的0.1%以下，但对植物的生长发育却起着至关重要的作用。对甘薯来讲，除氯元素可能因施入含氯肥料导致甘薯吸收过多而品质下降外，因土壤微量元素含量过高而产生毒害的情况极为少见。但是，当土壤中的微量元素缺乏时，甘薯产量会降低或品质下降。

（1）**铁** 铁是蛋白质合成所必需的微量元素，以植物铁蛋白的形式贮藏于植物细胞内。植物缺铁时，幼叶叶绿素含量降低（叶片黄化）是最常见的症状。但是，一般情况下，植物缺铁对叶片生长的影响还不如对叶绿体体积和单位叶绿体蛋白质含量的影响大，只有在严重缺铁时，细胞分裂才会受到抑制，进而降低叶片的生长速率。

（2）**锰** 锰是植物生长发育过程中碳水化合物和蛋白质合成的功能因子。锰在植物组织中的基本功能是在光合作用过程中将水光解，并通过进一步的反应生成三磷酸腺苷形式的能量物质和碳水化合物，或将硝态氮还原为铵态氮（在叶绿体中发生）。缺锰常出现在碱性或撒过石灰的土壤中，甘薯缺锰的早期症状表现为整体轻度失绿，新叶叶脉间叶绿素含量变少，随后出现枯死斑点，使叶片残缺不全。在展开的叶片上，次叶脉间的小块区域变得苍白和下陷，最终发展为坏死点，经常可以看到叶片上清楚的雨点般亮点。

（3）铜　铜是一种营养元素，其许多生理功能都与它以酶结合态参与氧化还原反应有关。甘薯缺铜一般出现在一些酸性的、含铜量低的砂土中，在一些石灰性土壤或有机质含量高的土壤中也会出现缺铜现象。甘薯缺铜时，在成熟的叶片和幼嫩叶片上都能观察到缺铜的症状，主要表现为叶脉间的失绿和定型叶片的枯萎、低垂，叶片上失绿的部分会逐渐发展成为点状或块状的枯斑，并不断扩展直到整个叶片坏死。同时，缺铜的植株在营养生长期间可溶性碳水化合物的含量显著低于正常水平。

（4）锌　锌是许多重要酶的组分或活化剂，它在酶反应中起着结构和功能两方面的作用。在缺锌的土壤上施用硫酸锌，可以显著增加甘薯主、侧蔓长度，增加甘薯主茎粗和单株叶片数，提高甘薯块根产量和干物率。甘薯缺锌的主要症状是幼嫩叶子变形，出现小叶病，有些甘薯品种出现节间变短的现象。

（5）硼　硼属于类金属，它并不参与形成植物的结构成分，而是对植物某些生理过程具有特殊的影响。硼与核酸及蛋白质的合成、激素反应、膜的功能、细胞分裂、根系发育等生理过程有一定关系。在除氯以外的微量元素中，甘薯对缺硼的敏感程度高于其他元素。缺硼直接影响茎和根部组织的生长，最初的征兆常常会使嫩叶变厚，叶子和主茎枝条顶端附近被触及时易碎裂。缺硼还可使叶柄扭曲，主茎节间缩短，顶端一带紧凑，严重时会出现生长点坏死。此外，甘薯缺硼还会影响块根发育，如块根变短、变粗，表皮粗糙、发皱、开裂和薯块形态异常等。

（6）钼　甘薯对钼的需求量很低，作为植物养分，其功能是与其作为酶（如固氮酶、硝酸还原酶等）的金属组分并发生价态的变化联系在一起的，因此，钼的功能与氮代谢密切相关。因此，缺钼时的症状也与缺氮相似，如生长发育迟缓、叶片变小失绿、幼叶叶脉变红等。

（7）氯　氯虽然是植物生长发育的必需微量元素，但由于从各种来源供给作物的氯已很充足，所以甘薯不会出现缺氯现象。甘薯是忌氯作物，当施用氯化铵、氯化钾等含氯化肥超过一定量时会造成甘薯品质下降，不但会使薯块淀粉含量降低，而且使薯块不耐贮藏。

（8）镍　镍是所有植物必需营养元素中确定得最晚的一个元素，是高等植物中脲酶的金属组分，在甘薯氮代谢中发挥重要作用。因多数植物对镍的需求量非常少，所以植物缺镍还不如镍毒害更有可能发生。迄今为止，还没有甘薯缺镍的报道。

3.3　甘薯施肥技术

甘薯的施肥要充分考虑甘薯的需肥特性和各生育阶段的养分需求规律，依据产量指标和土壤肥力状况来确定施肥量，在氮肥用量大或高产栽培中要重视磷、钾肥的施用。甘薯施肥的基本目标：促进前期早发，控制中期徒长，防止后期早衰，实现高产稳产和优质高效。

3.3.1　基施

在传统的甘薯栽培管理模式下，施足基肥是满足甘薯生长期长、需肥量大的根本措施。在植薯土壤地力低、灌溉条件十分落后的情况下，施足基肥是获得甘薯理想产量的保证。以北方春薯区为例，在甘薯生长前期气候干旱，土壤墒情差，中期雨水较多，高温高湿，后期温度迅速下降，雨水较少且易出现秋后旱等，因此，尤其需要重视对基肥的施用，早期基肥用量甚至占到总施肥量80%。

早期甘薯多种植于丘陵薄地，目前逐渐扩展到一些普通农田，甘薯种植地块的肥力水平较以往有明显提高，部分地块甚至达到中等肥力及以上水平。甘薯种植中基肥施用变得不再像以前那么重要，再加上有机肥施用成本增加，使得不少种植户甚至放弃了基施有机肥，仅以适量的复合肥作为基肥，对甘薯品质造成了不利影响。

3.3.2　追施

甘薯生长期长，前期基肥肥效到了薯块快速膨大期已无法满足甘薯对养分的需求。因此，在薯块快速膨大期到来之前要进行追肥，尤其是前期基肥施用本身就不充足的地块，或是一些低等肥力地块，需要尽早追肥才能获得理想产量。在传统的栽培模式下，甘薯的追肥主要包括提苗肥、壮株结薯肥、夹边肥、裂缝肥、根外追肥等。但是，在滴灌水肥一体化技术在甘薯生产中广泛应用之前，甘薯追肥需要耗费大量的劳动力，导致实际生产中进行甘薯追肥的并不多。

3.3.3　叶面施肥

　　叶面施肥是补充植物营养的一种手段，用来弥补甘薯生长过程中根系吸收养分的不足。进行甘薯叶面施肥一般可选用尿素、磷酸二氢钾或硫酸钾，为防止浓度太高对茎叶造成损伤或浓度太低起不到应有的效果，叶面施肥的肥液浓度一般为尿素0.5%~2.0%、磷酸二氢钾0.3%~0.5%、硫酸钾1.0%~1.5%。喷施时，每公顷用水量750~900千克。甘薯叶片上的角质层增加了肥液向细胞渗透的难度，因此可在肥液中加入适量的湿润剂，如中性肥皂、质量较好的洗涤剂等，以降低溶液的表面张力，增加药液与叶片的接触面积，提高叶面施肥的效果。同时，由于施肥的浓度较低，每次施入的养分总量较少，因此，在甘薯整个生育期叶面施肥一般需要2~3次。同时，为避免肥液对叶片的伤害，喷施间隔要1周以上。为保证叶面施肥效果，叶面施肥时应选择晴朗无风的早晨或傍晚进行。

　　随着现代农业技术的发展，甘薯生产条件与施肥方式发生巨大变化，甘薯种植地块土壤条件也较以往有了很大改善，规模化种植使得传统的追肥方式已无法适应当前的要求。除一些未发展节水灌溉的地区甘薯的追肥需通过施肥枪追肥或根外追肥外，目前多通过现代滴灌水肥一体化系统结合甘薯的水分管理来实现。

第4章　水肥一体化技术及其发展

水肥一体化技术起源于20世纪50年代，1958年国际上首次报道了通过喷灌系统施用商品肥料。20世纪60年代初，滴灌在以色列、美国得到广泛推广，主要应用于水果及蔬菜。20世纪70年代，便宜的塑料管道大量生产，推动了细流灌或微灌系统，包括滴灌、微喷雾灌以及微喷灌等技术的发展。美国、以色列灌溉用水溶性肥料的大量兴起，带动了水肥一体化技术在全世界的迅猛发展（徐卫红，2015）。

我国在1974年前后引进了滴灌技术，初期主要应用于蔬菜、果树和甘蔗等作物。直到20世纪90年代，我国水肥一体化的理论及应用技术才日渐被重视，并由过去局部试验示范发展为大面积推广应用阶段。通过20余年的发展，滴灌技术在新疆、内蒙古、广西、云南等地大田作物上得到了大规模的推广应用。根据2017年全国微灌大会资料记载，我国现有滴灌土壤面积500公顷以上，其中，新疆达到了400公顷（棉花应用面积约250公顷）。在小麦、玉米、甜菜、加工番茄、辣椒等作物上应用面积达到100公顷，实现节水50%以上、节肥30%以上。

4.1　水肥一体化的定义

水肥一体化，又称灌溉施肥，从广义上理解就是随灌溉水进行施肥，使作物根系在吸收水分的同时能够吸收养分，以满足作物生长发育的需要。除管道施肥外，淋施、浇施、喷施都属于灌溉施肥的范畴，是灌溉施肥的简单形式。从狭义上理解，灌溉施肥是指微灌施肥技术，是通过管道系统及安装在末级管道上的灌水器，将水肥以小流量、均匀、准确地输送到作物根系附近土壤。在实际操作中，灌溉施肥需借助压力系统（或地形落差），按需求将肥料随灌溉水一起适时、适量、准确地输送到作物根部土壤，即相当于给作物"打点滴"，可控制浇水施肥时间、次数、养分种类及浓度等，达到灌水施肥的均匀性和可控性。

总之，在实行灌溉施肥的情况下，施肥时间、施肥总量及肥料在溶液中的浓度均可以得到有效的控制，但是对整个灌溉施肥系统而言，无论对设备、水质还是对肥料来讲，都有其特殊的要求。

4.2　水肥一体化系统设备

一个完整的水肥一体化系统，一般由水源及动力设备、输水管、控制装置、过滤装置、施肥装置、末端灌水器等组成。

4.2.1　水源及动力设备

只要水质和水量能够满足灌溉施肥要求的河道、湖泊、坑塘、储水池里的水均可以作为水源。由于灌溉施肥系统要求水流具有一定的压力，在无法使用水流自身重力提供压力的情况下，则需要用水泵从水源取水并对其进行加压使到达灌溉部位。目前常用的水泵类型有自吸式离心泵或电动潜水泵等（图4-1），当水源为河水或水位小于10米深度的浅层地下水时，可采用一般的离心泵，当水深大于10米时，则一般采用潜水泵。水泵的配套动力一般选用电动机、汽油机或柴油机等。

自吸式离心泵　　　　　　　　电动潜水泵

图4-1　自吸式离心泵与电动潜水泵

4.2.2　输水管道

目前我国灌溉施肥系统的输水管道多采用聚氯乙烯（PVC）管或聚乙烯

（PE）管，它们具有内壁光滑、重量轻、耐腐蚀、安装方便等优点，但在日光下易老化，因此在使用结束后应及时收起，以便再利用。目前，一些聚乙烯材料的输水管价格已相当便宜，有的用户甚至将其作为一次性材料使用。除了输水管道外，还需要一些将管道连接起来的部件，总称为连接件。根据管道种类及连接方式，大体包括三通开关、直通开关、弯头、水带卡箍等（图4-2）。

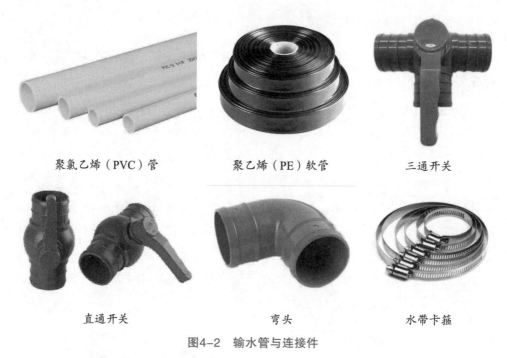

聚氯乙烯（PVC）管　　　　聚乙烯（PE）软管　　　　三通开关

直通开关　　　　　　　　弯头　　　　　　　　水带卡箍

图4-2　输水管与连接件

4.2.3　控制装置

灌溉施肥系统中常用的控制装置包括阀门、流量与压力测量装置、安全装置等。阀门是用来调节或控制系统流量的装置，常见的有球阀和闸阀。流量与压力测量装置主要包括流量表和压力表，主要用来记录管路中的过水总量和过水压力。安全装置是指为了保证灌溉施肥系统的安全正常运行，在适当位置安装的安全保护部件，主要包括减压阀、进排气阀、逆止阀、泄水阀等。

4.2.4　过滤装置

过滤的目的是清除水中的一些杂质或污物，以防堵塞末端灌水器的滴孔。常见的过滤器有以下几种。

（1）**砂石过滤器**　将细砾石和砂砾分层铺设于过滤罐体中，可用于过滤河水中的细沙和有机物质等，其优点是过滤能力强、适用范围广，当水中有机物含量较高时，无论无机物含量有多少，均应选择砂石过滤器。因此，它多用于地表水源的过滤（图4-3）。

图4-3　砂石过滤器

（2）**离心式过滤器**　又称为旋流式水砂分离器，靠高速旋转的水流产生的离心力，将砂粒和其他较重的杂质从水中分离出来。只有在一定的流量和高含沙量的水流条件下，离心式过滤器才有理想的效果，当系统中水流较小，过滤器内产生的离心力小，过滤效果较差。因此，离心式过滤器一般不能单独承担微灌系统的过滤任务，必须与筛网式或叠片式过滤器结合使用才能有较好的效果（图4-4）。

图4-4　离心式过滤器

（3）**筛网过滤器** 采用具有一定网孔的塑料或金属材料的筛网拦截悬浮物，当一定数量的残留物被拦截后应及时清洗筛网。此过滤器结构简单，价格便宜，清洗方便，应用较广，但筛网易损坏，应定期检查和更换（图4-5）。

图4-5 筛网过滤器

（4）**叠片过滤器** 核心过滤原件由一组压紧的带有微细流道的环状塑料叠片组成，清水从叠片间的细小流道通过，水中的污物则被截留在叠片四周。与筛网过滤器相比，其过流能力较大，寿命较长，清洗方便，但若清洗不及时，同样易造成堵塞（图4-6）。

图4-6 叠片过滤器

4.2.5　施肥装置

施肥装置一般分吸肥和注肥两种。吸肥是用特定的装置，在灌溉管道的某处产生负压，把肥料溶液吸入灌溉施肥系统来进行施肥，如文丘里施肥器、压差式施肥罐等；注肥是通过外加动力，把肥料溶液注入灌溉施肥系统进行施肥，如加压注肥器、比例施肥泵或注射泵等。

（1）**文丘里施肥器**　这是利用文丘里真空吸力原理的一套装置。文丘里施肥器与供水管控制阀门并联安装，使用时将供水管控制阀门关小，造成控制阀门前后有一定的压差，使水流利经过安装文丘里施肥器的支管，利用水流通过文丘里管产生的真空吸力，将肥料溶液从敞口的肥料桶中均匀吸入管道系统进行施肥。文丘里施肥器具有结构简单、造价较低，且施肥浓度稳定、无需外加动力的优点，但因压力损失较大，一般应用于灌溉面积不大的区域（图4-7）。另外，文丘里施肥器工作时要求进水压力和进出口压差分别在0.15兆帕和0.10兆帕以上，否则吸肥效果难以保证。

图4-7　文丘里施肥器

（2）**压差式施肥罐**　这套装置利用密封的金属罐，其内壁经过防酸保护处理，罐体由两根细管（旁通管）与主管道相连接，在主管道上两条细管接点之间设置一个节制阀（球阀或闸阀），以产生一个较小的压力差（1～2米水压），使一部分水流流入施肥罐进水管直达罐底，溶解罐中肥料后，肥料溶液从位于另一侧的出水口连接另一根细管进入主管道，将肥料带到作物根区（图4-8）。

图4-8　压差式施肥罐

　　压差式施肥罐是一种既可以使用固体肥料又可以使用液体肥料的装置，在灌溉施肥发展的早期用得比较多，整个施肥罐中的肥料可全部被送到灌溉区域。只要施肥罐中有固体肥料并且肥料的溶解性非常好，在灌溉滴头的终端，灌溉水中肥料浓度将一直保持不变。一旦肥料全部溶解完成，肥料浓度就以指数速率下降。在实际操作中，当4倍于罐体体积的水流经施肥罐时，将有90%的肥料被带出罐体。根据肥料罐的尺寸，一次性可以灌溉一定面积的作物。另外，由于多数肥料的溶解过程是一个吸热过程，例如硝酸钾、硝酸钙、硝酸铵、尿素、氯化钾等肥料溶解时，可以降低肥料罐中溶液的温度。若是较低的温度下溶解肥料，甚至可能导致部分溶液结冰，从而影响施肥的正常进行。

　　（3）加压注肥泵　加压注肥泵是在动力驱动下，以一种预先设定好的速率，从开敞的肥料罐中把肥液注进灌溉施肥系统中去的装置。注肥泵一般由耐腐蚀材料制成，或是与肥液接触部件敷以防腐层。肥料罐一般采用不同容积的塑料桶或塑料罐，其容积根据需要而定。注肥泵的优点是灌溉水压力没有损失，在整个灌溉施肥过程中保持设定的肥料浓度不变，可以准确地控制施肥量和施肥时间。目前，其使用较多的能源是水能和电能。水能注肥泵是靠大量挤压的水（最大达到3倍于吸入的肥料溶液量）排放时所产生巨大的水压注入肥料（如比例注肥泵），适于在缺乏电源的地区进行灌溉施肥时使用（图4-9左）；电动注肥泵是靠稳定的供电装置为肥料泵提供动力，其电能来源有高压电源或充电电池等，简易的电动注肥泵仅由1块12伏锂电池和1个小自吸泵组成（图4-9右）。

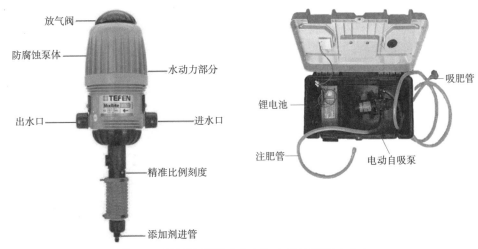

图4-9　比例注肥泵（左）和电动注肥泵（右）

（4）重力自压施肥池　这种装置的工作方式比较简单，不需要额外的加压设备，通常在水池旁边高于水池液面处建立一个敞口的混肥池，池底安装肥液流出管道，出口处安装PVC球阀，管道与蓄水池出水管连接。依靠水的重力作用，将肥料溶液压入灌溉施肥系统中。为了使肥料溶液和灌溉水有较好的混合，肥料池建设高度要比施肥系统的管道高一些（图4-10）。

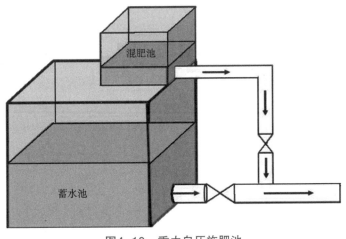

图4-10　重力自压施肥池

4.2.6　灌水器

灌水器是灌溉施肥系统末端的出流部件，其作用是消减压力，将管道中的水流变为水滴或细流，均匀而稳定地向作物根区土壤配水，以满足作物生长的需要。为保证灌水质量和延长使用寿命，要求灌水器出水量小、出水均匀、抗堵塞性能好、坚固耐用、价格低廉等。根据所使用的灌水器类型，常将微灌系统划分为滴灌、微喷灌、渗灌、涌泉灌等（图4-11）。

滴灌	微喷灌
渗灌	涌泉灌

图4-11　不同种类的灌水器（图片来自网络）

4.3　灌溉水水质

水肥一体化技术对灌溉水质要求较高。首先，灌溉水中污染物含量要符合国家标准；其次，要注意以下两个问题：一是防止劣质水造成灌溉系统堵塞，二是防止质量不达标的灌溉水与肥料相互作用，降低肥料的溶解性和养分的有效性。滴头堵塞会直接影响灌水和施肥的均匀程度，这也是滴灌系统的最大问题之一。除了灌溉水中一些大的沙粒或悬浮物质会产生这些影响外，灌溉水的物理、化学和生物学性状或含有的化学物质同样可以通过降低肥料的溶解性而引起滴头堵塞。同时，这些物质还有可能通过和肥料中养分离子的相互作用，降低肥料中养分的有效性。具体因素主要有离子组成、盐碱化程度、pH值和氧化还原电位等。

4.3.1　盐水

盐水作为灌溉水源常常在干旱、半干旱地区使用。不同的植物种类和品种对溶液中盐分的敏感程度不同，导致影响不同植物正常生长的电导率（EC值）临界值变幅很大。例如，甜菜可以耐受的EC值为0.7毫西门子/厘米，番茄在EC值为0.25毫西门子/厘米时就开始减产。植物类型、土壤和气候条件都对植物的耐盐性有所影响。盐水中的特定离子Na^+会破坏土壤结构，绝大多数植物并不吸收大量的钠，土壤溶液中Na^+浓度升高，会阻碍植物根系生长。提高Ca^{2+}浓度可以减缓Na^+对植物根系的毒害，但是当土壤溶液中的Na^+浓度超过40毫摩尔/升时，Ca^{2+}的作用就非常小了。除Na^+外，盐水中的Cl^-也会对植物产生毒害，但是部分肥料中的特定成分可以减缓盐水的毒害作用，比如当盐水灌溉时持续施入硝酸钾或硝酸钙，则可以减小植物对Cl^-的吸收。

4.3.2　中水

在一些干旱、半干旱地区，中水有时也是一种非常重要的灌溉水源，虽然在我国这种情况并不多见，但在西方发达国家中的不同气候区均有中水灌溉的例子，如在以色列允许利用中水滴灌棉花等非食用作物。

污水处理后的中水含有许多植物需要但在淡水中没有的营养成分，如氮、磷、钾和微量元素等，但是利用中水作为灌溉水源，必须坚持对水质进行持续监测，在施用额外肥料前需要明确水中所含有的植物营养成分。Cl^-、Na^+和$H_2BO_3^-$含量是利用来源于家庭生活用水处理后的中水进行农业利用时要考虑的因素，污水中的硼来源于家庭洗涤剂和洗衣粉。长期的监测结果表明，连续使用中水灌溉的主要危险之一，是硼可能累积到对植物产生毒害的水平。目前，还没有一种低成本的从水中去除硼的方法。

4.3.3 Ca^{2+}、Mg^{2+}含量高的灌溉水

灌溉水中含有较高的Ca^{2+}、Mg^{2+}、HCO_3^-（硬度高），会使滴头堵塞的风险增加，特别是在滴灌系统中使用磷肥的情况下这种情况可能会更严重。Ca^{2+}和HCO_3^-含量高的碱性水中出现碳酸钙沉淀是十分常见的。这种水用于灌溉的后果就是使灌溉系统产生水垢，从而使滴头堵塞导致灌溉系统不能正常使用。这类反应受温度和pH值影响很大，pH值大于7.5和HCO_3^-含量大于5毫摩尔/升时，灌溉水更容易发生结垢。通过灌溉施肥系统施用肥料的pH值越高，结垢情况越严重。

4.3.4 灌溉水中钙和铁与磷的相互作用

通过灌溉施肥系统施用磷肥时，必须注意灌溉水质尤其是灌溉水的pH值。灌溉水中含有钙和铁这2种元素，当灌溉水中加入磷且pH值高于4.0时，Fe^{3+}会很快生成沉淀物质，而当pH值高于5.5时，Ca^{2+}则会很快生成沉淀物质。因此，必须保持灌溉水的pH值在较低水平（酸性），以防止形成Ca-P或Fe-P沉淀。因此，在灌溉水中含有水溶性铁离子时，不能在滴灌系统中添加磷素营养。此外，磷肥还可能有腐蚀作用，比如PO_4^{3-}和灌溉系统中的金属发生化学反应就有可能产生沉淀物质。

因为施用磷肥有可能造成滴头堵塞的情形，所以，通过灌溉施肥系统施用磷肥时，要进行十分小心的监测，防止灌溉水中产生使滴头和过滤器堵塞的物质。聚磷酸肥料在一定浓度时也会和钙和镁反应，形成堵塞滴头的胶状悬浮物。但是，聚磷酸盐在特定浓度时也可能会屏蔽Ca^{2+}，从而阻止胶状悬浮物的形成。

4.4 灌溉施肥对肥料的要求

根据肥料的物理化学特性，很多固体或液体肥料都适用于灌溉施肥系统。当对较大规模的农田进行施肥时，应用固体肥料代替专业水溶肥或液体肥料，可以显著降低施肥成本。在选择用于灌溉施肥的肥料时，有4个方面必须加以考虑：植物类型和生长发育时期、土壤的理化性状、灌溉水水质、肥料的可获得性及其价格（Kafkafi，2005）。同时，适用于灌溉施肥的肥料应该是高品质、高溶解性和高纯度，含盐量较低且具有适宜的pH值，以及必须适应于相应的施肥模式。

在使用灌溉系统进行施肥时，还需要考虑以下问题。

（1）**肥料形态**　固体肥料和液体肥料都适合进行灌溉施肥，根据其可获得性、经济上的可行性和便利性进行决定。

（2）**可溶性**　较高和完全溶解是肥料可用于灌溉施肥系统的前提条件。肥料的溶解性随温度升高而升高。

（3）**腐蚀性**　肥料之间、肥料和灌溉系统的金属部件之间可能会发生一系列的化学反应，从而对系统的金属部件如钢管、阀门、过滤器和注肥装置等造成腐蚀或破坏。

（4）**相溶性**　当准备在灌溉系统中添加几种肥料进行混合时，必须考虑不同肥料的相溶性。要重点对以下3个方面进行检查。一是检查使用的肥料是否可以完全溶解而不产生沉淀，要避免在溶液pH值不是足够低的情况下将含有钙质的肥料溶液和含有磷或硫的肥料溶液混合。二是检查肥料与当地灌溉水可能产生沉淀的情况。在使用一种新的肥料之前，取50毫升的肥料溶液和1升的灌溉水混合在一起，观察1~2小时，确保不会产生沉淀。三是在田间混合不同品种肥料时，要观察其温度变化情况。有些肥料单独或者和其他肥料一起溶解时，可以将肥料溶液的温度降低到结冰的状态（前已述及）。当然，如果购买的是已经配制好的液体肥料，在田间就不会出现如此强烈的吸热反应。

一些常见肥料的特性见表4-1至表4-3。其中，表4-1描述了用于灌溉施肥的不同肥料的相溶性，表4-2描述了田间条件下灌溉施肥时肥料的溶解性和肥料溶液的特性，表4-3描述了一些常见肥料的溶解性随温度的变化情况。

表4-1　一些常见肥料的相溶性

肥料种类	尿素	硝酸	硫酸铵	硝酸钙	硝酸	氯化钾	硫酸	磷酸	硫酸铁、锌、铜、锰	螯合铁、锌、铜、锰	硫酸镁	磷酸	硫酸	硝酸
尿素	√													
硝酸铵	√	√												
硫酸铵	√	√	√											
硝酸钙	√	√	×	√										
硝酸钾	√	√	√	√	√									

（续表）

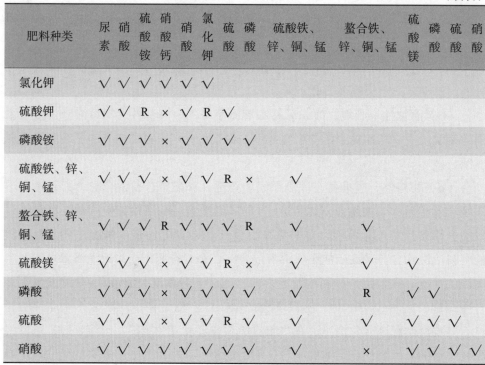

注：√=相溶；×=不相溶；R=溶解性降低；引自《灌溉施肥：水肥高效应用技术》（乌兹·卡夫卡费等，2013）。

表4-2　田间条件下灌溉施肥时肥料的溶解性、溶液pH值和其他性质

肥料种类	20℃时100升水中最大溶解量/千克	溶解时间/分钟	溶液pH值	不溶物/%	备注
尿素	105	201	9.5	忽略不计	尿素溶解时溶液温度下降
硝酸铵	195	201	5.6	—	对镀锌、铁和铜有腐蚀作用，肥料溶解时溶液冷却
硫酸铵	43	15	4.5	0.5	对低碳钢有腐蚀作用
磷酸一铵	40	20	4.5	11	对碳钢有腐蚀作用
磷酸氢二铵	60	20	7.6	15	对碳钢有腐蚀作用
氯化钾	34	5	7.0～9.0	0.5	对铜和低碳钢有腐蚀作用
硫酸钾	11	5	8.5～9.5	0.4～42.0	对低碳钢混凝土结构有腐蚀作用

（续表）

肥料种类	20℃时100升水中最大溶解量/千克	溶解时间/分钟	溶液pH值	不溶物/%	备注
磷酸二氢钾	213	—	5.0～6.0	<0.1	不具有腐蚀性
硝酸钾	31	3	10.8	0.1	肥料溶解时溶液温度下降，对金属有腐蚀性

注：引自《灌溉施肥：水肥高效应用技术》（乌兹·卡夫卡费等，2013）。

表4-3　一些常见肥料的溶解性随着温度的变化情况

温度/℃	溶解液/（克/100毫升）				
	硝酸钾	氯化钾	硫酸钾	硝酸铵	尿素
10	21	31	9	158	84
20	31	34	11	195	105
40	46	37	13	242	133

注：引自《灌溉施肥：水肥高效应用技术》（乌兹·卡夫卡费等，2013）。

4.5　灌溉施肥中水溶性复混肥料的应用

水溶性复混肥料是指含有氮、磷、钾三要素中两种或两种以上成分的液体或固体肥料，其液体形态有清液型和悬浮型，固体形态有粉剂型和颗粒型，无论何种形态，均能够完全或大部分溶解于水，稀释后通过喷灌、微喷、滴灌等水肥一体化方式施用。

4.5.1　水溶性复混肥料的优点

与常规肥料相比，水溶性复混肥料有以下优点。

（1）配方灵活，营养全面　随着肥料产业的发展，配方肥生产将是今后一个时期实现精准施肥的重要措施。相对普通复合肥来说，水溶性复混肥料加工工艺简单，可以根据不同土壤条件来设计配方，配方易于调整，便于添加各种中微量元素和生物刺激素类物质，营养更加全面，并且随时可以根据作物长势对水溶性复混肥料配方做出调整。

（2）肥效迅速，利用率高　施入土壤中的养分伴随着水的流动从土壤迁移到根区附近，然后才能够被作物根系吸收。普通的颗粒复混肥料通过撒施、沟施、穴施等施入土壤，施肥和灌溉分开，肥料中的养分难以抵达根区，养分利用率低，浪费严重；水溶性复混肥料随灌溉水进行施用，养分的吸收效率大大提高。

（3）可用于灌溉施肥系统，节省人力 水溶性复混肥料是水肥一体化系统的首选肥料，只有完全溶解的肥料才不会堵塞过滤器和滴头，从而保障灌溉系统的正常高效运行。普通的颗粒肥料，有的虽然也能溶解于水，但是存在溶解度低、溶解不完全等问题，若用于滴灌水肥一体化系统，易造成滴头堵塞，导致灌溉施肥不能正常进行。

（4）可与农药、生长调节剂等物质混合施用 水溶性复混肥料可以与农药或其他生物刺激素等物质一同混合施用，肥药在水中得以充分混合，随灌溉水均匀到达作物根区，充分发挥各方面的功能，节省劳动力成本，提高肥效药效。

4.5.2 水溶性复混肥料质量要求

与普通复混肥料相比，水溶性复混肥料的关键指标有两个：溶解速率和水不溶物含量。一般液体肥料能快速溶解于水，而颗粒型与粉剂型水溶性复混肥料溶解速率相对慢一些，并且受颗粒体积、温度、搅拌及溶解水量的影响，所以无法针对某一具体肥料确定溶解速率指标。对于水不溶物来讲，一般滴灌要求水不溶物含量小于0.2%，微喷灌要求水不溶物含量小于5%，喷灌要求水不溶物含量小于15%。由此可见，灌溉越精细，对肥料的水不溶物含量要求越高。例如，在滴灌中用水溶性差的肥料容易出现过滤器堵塞的问题，然而在《大量元素水溶肥料》（NY/T 1107—2020）中，水不溶物含量要求小于5%，这导致在实际生产中很多符合这个标准的水溶肥料很容易堵塞滴灌系统中的过滤器。因此，如通过滴灌进行施肥，水不溶物含量越低越好，单纯地符合一些水溶肥料行业标准并不一定能够满足滴灌施肥的要求。

4.5.3 我国水溶性复混肥料发展及面临问题

随着我国节水农业的发展，节肥节水的水肥一体化技术得到快速的发展和普及应用，这也极大地推动了我国水溶性复混肥料产业的发展。2021年我国水溶性复混肥料的产量与2010年相比提高了近10倍（图4-12）。但不可否认的是，我国水溶性复混肥料发展仍存在研发投入不足、产品配方针对性不强、产品标准缺乏、肥料市场混乱、监管缺乏等问题，这在一定程度上阻碍了水溶性复混肥料行业的发展。

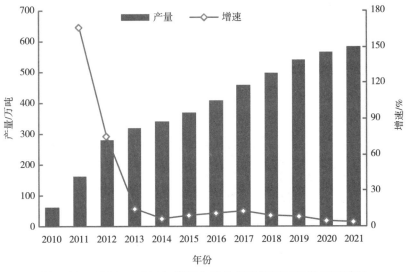

图4-12　2010—2021年我国水溶性复混肥料产量及增速情况

4.5.4　水溶性复混肥料在甘薯滴灌水肥一体化应用中存在的问题

虽然水溶性复混肥料在甘薯滴灌水肥一体化栽培中具有独特的应用优势，但是甘薯根系对肥料的浓度非常敏感，施用时需要掌握适宜的肥液浓度。此外，不同地区灌溉水质不同，土壤肥力条件不同，这些均要求在灌溉施肥时根据实际情况选择适宜的肥料品种。除此之外，水溶性复混肥料还存在价格偏高、肥料配方不合理、液体形态的复混肥料运输不便、缺乏技术人员指导等问题。

受制于以上应用局限，目前在甘薯滴灌水肥一体化作业中，以水溶性复混肥料直接应用于甘薯滴灌施肥的种植户很少。多数种植户在技术人员指导下，根据土壤肥力条件，选择一些溶解性好、养分含量高、价格便宜的单质肥料或二元复合肥料，通过滴灌系统对甘薯进行施肥。因此，本书下一章将针对不同养分元素肥料的特点进行详细介绍。

大水漫灌、沟灌等传统的灌溉方式，一次性灌水量很大，同时灌溉间隔也较长，要几天甚至数周的时间。与此对应的是，水肥一体化的灌溉间隔时间较短，持续几个小时甚至几天，每次灌溉单位时间里的灌溉水量较少。在大水漫灌的条件下，水分是在整个土壤的垂直方向形成一个浸透的水体，但水肥一体化通常只湿润了特定区域的局部土壤，这种特殊的水分浸润方式，导致施肥时肥料中的养分在土壤中并不以传统施肥那样的形式被作物根系吸收。下面针对在水肥一体化应用中不同元素肥料的选择及各养分在土壤中的转化进行介绍。

5.1　氮肥

5.1.1　用于灌溉施肥的氮肥

可用于灌溉施肥的氮肥主要有3种基本形态：尿素态氮［$CO(NH_2)_2$］，中性分子；铵态氮（NH_4^+），带正电荷；硝态氮（NO_3^-），带负电荷。常用于灌溉施肥的氮肥品种如表5-1所示。

表5-1　用于灌溉施肥的氮肥种类

氮肥种类	分子式	养分含量 （N-P₂O₅-K₂O）	pH值
尿素	$CO(NH_2)_2$	46-0-0	5.8
磷酸脲	$CO(NH_2)_2 \cdot H_3PO_4$	17-44-0	4.5
硝酸钾	KNO_3	13-0-46	7.0
硫酸铵	$(NH_4)_2SO_4$	21-0-0	5.5

（续表）

氮肥种类	分子式	养分含量 （N-P$_2$O$_5$-K$_2$O）	pH值
碳酸氢铵	NH_4HCO_3	17-0-0	8.0
氯化铵	NH_4Cl	25-0-0	7.2
氮溶液	$CO(NH_2)_2 \cdot NH_4NO_3$	32-0-0	6.9
硝酸铵	NH_4NO_3	34-0-0	5.7
磷酸一铵	$NH_4H_2PO_4$	12-61-0	4.9
磷酸二铵	$(NH_4)_2HPO_4$	21-53-0	8.0
聚磷酸铵	$(NH_4)_{n+2}P_nO_{3n+1}$	10-34-0	7.0
硝酸钙	$Ca(NO_3)_2$	15-0-0	5.8
硝酸镁	$Mg(NO_3)_2$	11-0-0	7.0
硝酸铵钙	$5Ca(NO_3)_2 \cdot NH_4NO_3 \cdot 10H_2O$	15.5-0-0	7.0

注：引自《水肥一体化技术》（张承林等，2012）。

5.1.2　氮在土壤中的迁移与转化

（1）尿素态氮　在滴灌施肥条件下，可溶性很高的尿素在土壤中随灌溉水移动，肥料被注入滴灌系统的时间对氮在湿润土壤中的分布影响非常大。在同样灌溉水量的情况下，如果尿素是在灌溉开始的前1/4时段加入的话，尿素将随着后面的灌溉水而在土壤中移动，这样尿素就可以移动到湿润土体最边缘的部分。如果尿素是在后1/4时段加入的，则尿素将集中在靠近滴头的表层土壤。同样，土壤表面的蒸发作用会导致接近土壤表面部分的尿素含量增高，土壤表面残余的尿素也会以氨的形式挥发到大气中。研究表明，影响尿素施用后通过氨挥发损失的土壤因素主要有阳离子交换量（CEC）、pH值、碳酸钙含量和土壤含水量等。一般情况下，随着土壤CEC的上升，土壤中氨的挥发损失下降，这也是黏质土壤施用尿素时氨挥发低的原因。随土壤pH值的升高，施用尿素后的土壤氨挥发损失增加，但是如果把尿素和土壤充分混合或把尿素施在表层土壤以下，这种挥发损失将大大降低。

尿素的另外一个潜在问题就是尿素中存在少量的缩二脲。在作物生根和早期种子生长阶段，作物能忍受尿素中缩二脲的含量为2%，若超出这个范围，尿素中的缩二脲会对作物产生毒害。

（2）铵态氮 铵根离子（NH_4^+）带正电荷（阳离子），可被带负电荷的土壤黏粒吸附，因而通过滴灌施入土壤的NH_4^+大量聚集在滴头下方的土壤中。同时，NH_4^+也可以置换出吸附在土壤黏粒表面的其他阳离子，如Ca^{2+}和Mg^{2+}等，这种相互作用的结果使NH_4^+在滴头附近聚集，而被置换下来的大量的Ca^{2+}和少量的Mg^{2+}，则随灌溉水而向下层土壤移动。几天内，土壤中的NH_4^+通常就被土壤细菌氧化成NO_3^-，随灌溉水在土壤中四处移动。

（3）硝态氮 硝酸根离子（NO_3^-）带负电荷（阴离子），可以被吸附在酸性土壤上带正电荷的氧化铁和氧化铝上，但它不会被吸附在带负电荷的碱性和中性土壤黏粒上。因此，NO_3^-易随水移动，从而很容易使NO_3^-移动到湿润土体的边缘部分，故其在土壤中的分布与NO_3^-注入滴灌系统的时间有关。NO_3^-是一种强氧化剂，在滴头附近通常都有一定体积的水饱和的土壤处于缺氧状态（厌氧条件）（Martinez et al.，1991）。在这种情况下，很多土壤微生物利用NO_3^-中的氧而不再是利用氧分子来满足其呼吸作用的需要，导致氧化亚氮和氮气损失到大气中。较高的土壤黏粒含量和较高的土壤温度都导致根区土壤微生物在呼吸作用中利用NO_3^-中的氧。这种NO_3^-经生物还原反应变成氧化亚氮或者氮气（通常被称为反硝化作用）的机制，是氮肥损失的主要途径。但目前为止，仍然很少有人关注这种由于过量灌水而引起的缺氧，进而导致气态氮损失的情况。

正是因为NO_3^-不易被土壤吸附，所以在田间进行灌溉施肥作业时，如果最后滴灌的肥料是硝态氮肥，滴灌施肥结束后冲洗滴灌系统的时间要尽量短一些，以避免造成硝态氮肥损失而使根区缺乏氮素养分。

5.1.3 氮素形态与土壤类型的适应

黏质土壤通常都是碱性土壤，氨气的产生与挥发性也更强。如果在黏质土壤上施用尿素，即使是在较高的温度条件下，也不会发生反硝化作用而带来氮素损失，所以尿素态氮可能是黏重土壤比较好的氮源。但是，在砂质土壤上，硝态氮则比尿素更适宜，因为砂质土壤的持水性能和CEC均较低，只有较高CEC的土壤能吸附尿素水解产生的氨，从而保证氨不毒害作物根系。

了解氮素形态及其反应产物以及它们在各种土壤类型中的行为，是理解某种氮肥形态对作物有益还是有毒害作用的基础。国外有人通过田间试验，比较了铵态氮、尿素态氮和硝态氮在滴头下湿润土体中的移动和转化的情况（乌兹·卡夫卡费等，2013）。结果显示，在一个灌溉施肥周期（滴水速率为每小时2升），施进去的铵态氮聚集在滴头正下方土壤的10厘米土体中，几乎没有侧向移动。与铵态氮相比，尿素和硝态氮在土壤中的移动性更强，尿素和硝态氮在滴头下的整个土体中均匀分布，并在以滴头为中心，半径为15厘米的范围内发生侧向移动。尿素态氮比铵态氮更容易转化为硝态氮。因为尿素态氮和铵态氮在土壤中都会转化为硝态氮，所以应用硫酸铵和尿素进行灌溉施肥都会引起湿润土体的酸化。施用硫酸铵处理的土壤，酸化发生在20厘米土层中。但是，因为尿素在土壤中的移动性更强，在每小时2升的滴头流量下，施用尿素处理的土壤酸化在0～40厘米的土壤中都有发生。

5.2　磷肥

5.2.1　用于滴灌施肥的磷肥种类

　　用于滴灌施肥的磷肥必须是完全可溶性的。常用的磷肥类型有磷酸钾或磷酸铵盐、磷酸脲或者工业磷酸。在磷酸盐工业中，可溶性聚磷酸盐化合物是很常见的，但作为肥料使用的聚磷酸盐仍然非常有限（表5-2）。

表5-2　用于灌溉施肥的磷肥种类

磷肥种类	分子式	养分含量 （N-P$_2$O$_5$-K$_2$O）	pH值
磷酸二氢钾	KH_2PO_4	0-52-34	5.5
磷酸一铵	$NH_4H_2PO_4$	12-61-0	4.9
磷酸二铵	$(NH_4)_2HPO_4$	21-53-0	8.0
聚磷酸铵	$(NH_4)_{n+2}P_nO_{3n+1}$	10-34-0	7.0
磷酸脲	$CO(NH_2)_2 \cdot H_3PO_4$	17-44-0	4.5
磷酸	H_3PO_4	0-52-0	2.6

注：引自《水肥一体化技术》（张承林等，2012）。

（1）**磷酸二氢钾** 磷酸二氢钾是一种包含氢氧化钾和磷酸的水溶性盐。它含有51.5%的磷（P_2O_5）和34%的钾（K_2O）。当需要每天在砂质土壤中供应磷时，磷酸二氢钾常常用作滴灌施肥的磷素肥料。由于盐残留量非常低，磷酸二氢钾特别适合在盐化大田土壤中使用。

（2）**磷酸一铵和磷酸二铵** 磷酸一铵和磷酸二铵均指工业级别，外观白色结晶状，分别含有61%、53%的五氧化二磷和12%、21%的氮，是大田灌溉施肥的常用磷源。如果种植的作物对铵态氮非常敏感，那么，在水溶液中使用该类肥料时需要特别谨慎。在泥炭或土壤作基质栽培作物时，硝化作用占优势，施用这种肥料通常是安全的。需要注意的是，农用磷酸一铵和磷酸二铵因含有大量杂质，不能用于灌溉施肥系统，否则会造成严重堵塞，使施肥无法进行。

（3）**聚磷酸铵** "聚"字是指这种物质的分子结构中含有1个以上的磷原子。只有1个磷原子的化合物被称为正磷酸盐；通过加热，去除水分子，生成的1个磷化合物分子中含有2个磷原子，被称为焦磷酸盐；当化合物中含有3个或3个以上磷原子时，被称为聚磷酸盐。焦磷酸盐是高浓度液体肥料聚磷酸铵的主要磷形态，当聚磷酸铵施入土壤后，焦磷酸盐就会水解成正磷酸盐。聚磷酸铵可以在一定程度上螯合金属离子，提高锌、锰等元素的活性。植物只能吸收$H_2PO_4^-$形态的磷，这就意味着聚磷酸盐肥料在植物吸收之前必须转化成一价磷酸根形态。该反应需要酸性环境提供质子（H^+）。质子的主要供应者为根系本身，它能够在吸收铵态氮的过程中向土壤释放H^+，H^+的产生促进聚磷酸盐的分解，将其转化为植物可吸收利用的一价磷酸盐。但是，在钙质土壤中，需要70～100天才能将90%的磷转化成植物可吸收的形态（McBeath等，2006）。

（4）**磷酸脲** 磷酸脲是由尿素和磷酸分子构成的加合物。它至少包含了17.5%的氮和44%的五氧化二磷，被用于在中性和碱性土壤上滴灌施肥的肥料产品。相比液态酸，磷酸脲易于操作，使用更安全，因为它流动自由且以干酸结晶形态存在。此外，每千克磷酸脲溶解后会产生6.3摩尔的H^+，从而使其成为一种高浓度酸化剂。它的酸性反应能够使储液保持清洁，防止灌溉施肥设备的阻塞。磷酸脲降低了灌溉水和土壤的pH值，能减少氮素挥发的风险，提高养分的有效性和养分的利用效率。在钙质含钠的土壤上，磷酸脲与碳酸钙反应，Ca^{2+}代替了土壤复合物中的Na^+，当灌入足够的水后，Na^+就会从根系冲走，从而使水分渗透增加，根系周围的Na^+减少，土壤结构得以改善（紧实度降低）。

（5）**磷酸** 磷酸在工业生产过程中的应用非常普遍，如用来清洁金属表面。磷酸的密度为1.87克/厘米^3，通常装在塑料容器中。在灌溉施肥中，磷酸用于清洗灌溉施肥管道、开关滴头中的无机沉淀，同时也提供了植物生长所需的磷肥。与浓硝酸或硫酸相比，其操作更为安全。然而，磷酸是高浓度酸，操作过程中的防护措施是十分必要的，如需要带上护目镜和手套，以防止溅到皮肤和衣服上。

5.2.2　滴灌施入的磷在土壤中的迁移与转化

5.2.2.1　磷在土壤中的迁移

碱性土壤中钙（石灰富集型土壤）及酸性土壤中铁和铝与磷酸盐的快速反应，限制了施入的磷在土壤中的迁移距离。土壤黏粒含量或者碳酸钙含量越高，磷从施入点向土壤深处运移的距离越短。即使在砂质土壤中，磷在土壤中的运移距离与在水溶液中相比也明显受到限制。然而，当土壤中施入鸡粪以后，形成了磷的有机复合物（Kleinman等，2005）。研究发现，淋洗下渗液中磷的浓度高低与通过土壤的水流量大小无关。这就是说，土壤中的大孔隙是土壤磷素流动的主要通道。当磷与有机肥等有机复合物结合后，就不会与土壤中的其他成分发生反应而被固定，从而能从施肥点运移到较远的距离。

当前，土壤中磷的运移已经成为一个环境问题，但目前对控制磷素运移的机理了解得并不完全。通常认为，磷只在粗骨结构的土壤中随着水分的快速下渗而淋失，或者在砂质土壤中随着活性磷吸附点位的消失而造成渗漏。但是，也有观点认为，如果土壤可溶性磷库是非饱和的，那么这些随时间变化的吸附或解吸过程主要出现在铁、铝氧化物或碳酸钙、碳酸镁表面，磷就不会淋失进入含有大量黏粒的剖面中；除非在泥炭土或者有机质含量高的土壤中，水溶性有机碳能包覆在磷的吸附点位上，从而促进磷在土体中的移动，此时，如果水分能够穿过土壤中的大孔隙，磷素就会进一步向深层渗滤。

5.2.2.2　磷在土壤中的转化及其有效性

随灌溉水进入土壤中的磷素，会与土壤中的无机和有机成分发生相互作用，从而使磷的形态发生转化。然而，植物只吸收$H_2PO_4^-$形态的一价磷酸盐。一般情况下，只要土壤pH值处于较低水平，灌溉水中的$H_2PO_4^-$就会保持稳定。一旦$H_2PO_4^-$被释放到土壤中，就会快速与碱性土壤中的黏土矿物（如蒙脱石和伊利石）发生反应，或者与酸性土壤中的高岭石及铁、铝化合物发生反应。在碱性土壤条件下，磷主要与碳酸钙（石灰）发生反应。土壤中有大量的相对难溶的磷化合物，它们通常被称为固定态磷。其实，单纯地确定土壤中每一种磷化合物的绝对量是没有意义的，关键是看土壤中是否有足够的有效磷来满足植物对磷的需求。为了回答这个问题，在20世纪开发了很多关于土壤磷的提取方法，在土壤中磷含量与植物对施入磷的实际反应之间建立了对应关系。

磷酸（H_3PO_4）也可以写成$PO(OH)_3$，有3个羟基，能积极与碱性土壤中的钙（通常以碳酸盐形式存在）和酸性土壤中铝、铁的氢氧化物发生反应，形成很多由pH值决定的潜在化合物。在pH值为5～9时，水溶液中主要的可溶性磷酸盐离子为$H_2PO_4^-$和HPO_4^{2-}。当溶液中总磷保持稳定时，一价磷酸盐和二价磷酸盐的相对含量由pH值决定。当pH值低于7.2时，$H_2PO_4^-$是主要组成成分；pH值为7.2时，50%的磷以$H_2PO_4^-$存在；当pH值超过7.2时，HPO_4^{2-}的比例迅速增加。由于植物只吸收$H_2PO_4^-$形态的一价磷酸盐，因此可以明确地判断，随着溶液pH值的增加，溶液中磷的有效性是下降的。例如，当溶液pH值为5时，溶液含有1克磷，那么所有的磷对植物来说都是有效的。当溶液pH值增加到8左右时，尽管溶液中总磷含量没有变化，但仅有0.1克磷（占总磷的10%）是有效的。研究表明，与根系直接接触的土壤是植物吸收磷的主要来源。除非土壤中原始的磷含量非常高，土壤中磷的扩散速率与根伸长的速率相比要缓慢得多。

5.3 钾肥

钾是植物必需的大量元素，广泛分布在植物的很多部分，但钾在植物体中以K^+形式存在，并不是任何植物结构组织的永久组成成分。根系吸收K^+后，K^+在植物木质部导管中与NO_3^-一起向枝叶移动，在植物叶片中，NO_3^-被植物新陈代谢过程所利用，K^+则再随着有机阴离子向下移动到植物根部。

5.3.1 用于灌溉施肥的钾肥种类

有4种钾素肥料可以用于灌溉施肥：氯化钾、硫酸钾、硝酸钾和磷酸二氢钾。这个排列顺序下其阴离子满足作物营养需求的重要性越来越高（表5-3）。

表5-3　用于灌溉施肥的钾肥种类

钾肥种类	分子式	养分含量（N-P_2O_5-K_2O）/%	pH值
氯化钾	KCl	0-0-60	7.0
硫酸钾	K_2SO_4	0-0-50	3.7
硝酸钾	KNO_3	13-0-46	7.0
磷酸二氢钾	KH_2PO_4	0-52-34	5.5

注：引自《水肥一体化技术》（张承林等，2012）。

氯化钾是世界上资源最丰富的钾素肥料，可溶于水，溶解速度快，容易和其他肥料混合。反对使用氯化钾的理由通常是认为它含有氯离子，施用氯化钾带入的氯离子有可能对那些对氯敏感的作物有影响，比如氯离子可使甘薯块根中淀粉含量下降、影响烟草的燃烧质量等。在其他绝大多数作物上，氯化钾都是可以使用的。氯化钾也常常作为最便宜的钾源，用于生产复合肥料。

硫酸钾的水溶性远低于氯化钾，当其用于灌溉施肥时，需要不断搅拌加快溶解。在大面积使用的情况下，限于其溶解速度，施肥速度会严重受影响。另外，当灌溉水中的钙含量很高时，使用硫酸钾容易在灌溉管线中形成石膏类的沉淀物质，堵塞滴头。目前，市场上有不敢轻易用于滴灌的水溶性硫酸钾出售，该产品溶解速度较快，同时克服了灌溉水中钙沉淀问题，但由于其酸性较强，使用时要注意较强的酸度对灌溉和施肥系统产生的腐蚀作用。

硝酸钾在高于20℃时溶解性非常好，而且从作物养分吸收的角度看，硝酸钾的K_2O/N非常合适，溶解后无杂质，是应用于灌溉系统的优质肥料。在大田条件下，如果储藏硝酸钾溶液的容器放置在室外，需要给予更多的关注，因为硝酸钾在夜间低温条件下，可以在储肥罐里形成沉淀。

5.3.2　灌溉施入的钾在土壤中的迁移与固定

磷酸二氢钾用于灌溉施肥不仅可以作为钾源，也是一种磷源。因为作物的需磷量往往只有需钾量的10%，所以磷酸二氢钾在灌溉施肥中往往作为磷源而不是钾源。

在生产实践中，单纯地研究K^+随灌溉水从滴头向土壤中移动的规律似乎并没那么重要，因为植物根系在生长过程中会找到湿润根区土壤中的钾素。植物根系吸收钾素的速度非常快，一旦钾素接触根系就非常容易被吸收。在含钾量很低的沙丘土壤上，需要每天通过灌溉施肥施用钾素和氮素以满足作物对营养的需求，特别是在根系限定在一定范围的情况下更是如此。当土壤黏粒含量低而不吸附钾素时，钾素的分布范围比磷素要大得多，但与氮素相比，钾素的分布范围相对还是小了些。

钾是花岗岩的组成成分，也是伊利石黏土颗粒的组成成分，占其颗粒含量的6%左右。钾在土壤和溶液中以稳定的阳离子（K^+）形式存在，当通过施肥提高土壤溶液中的K^+含量时，K^+通常有3种存在形式：①以游离态离子存在于土壤溶液中；②被吸附在土壤黏粒表面；③被固定在黏土颗粒内部空间。土壤溶液中的K^+和被吸附在黏粒表面的K^+经常发生交换，维持一种瞬时的平衡状态。但是，被固定的K^+变成释放态的K^+非常缓慢，这导致了并不是土壤中所有的钾都能被作物所利用，需要通过施肥不断地补充外源性的钾素来满足作物生长发育的需要。

5.4 钙、镁、硫肥

虽然和氮、磷、钾元素相比，钙、镁、硫被认为是重要性居于第2位的元素，但是，部分植物对钙、镁、硫的需要量甚至超过了对磷的需要量。受耕作和施肥习惯的影响，农业生产中对钙、镁和硫等元素肥料的重视程度不如大量元素肥料。例如，在整地时作为基肥施用大量元素肥料如硫酸铵和过磷酸钙时，因为普通过磷酸钙肥料中钙和硫的含量均超过磷含量，硫酸铵中硫的含量也超过了氮含量，所以，施入土壤中的硫和钙的量比氮和磷的量还要高。但是，在酸性土壤上施用钙、镁和硫是头等大事，因为酸性土壤缺钙是很常见的。

5.4.1 灌溉施肥中的钙、镁、硫肥料

（1）钙肥　在灌溉施肥中，硝酸铵钙{5［Ca（NO_3）$_2$·$2H_2O$］·NH_4NO_3}是主要的钙源。当灌溉水中的钙含量很低时，灌溉施肥系统中必须添加钙元素肥料。在旱作地区或者碳酸盐丰富的土壤上，如果要在灌溉施肥系统中添加钙肥的话必须非常小心，因为含钙高的灌溉水可能会产生碳酸钙沉淀从而堵塞滴头。因此，在每次灌溉结束前，需要用足够的清水冲洗管道中的残留物，以避免此种情况发生。

植物中钙的行为特征非常特别，总是从植物根部向上移动，是唯一的一种不会在韧皮部从叶片向根部或者向正在膨大的果实移动的元素。所以，土壤溶液需要持续不断地供应钙以满足植物根系生长的需要，只要植物根区缺钙就会导致植物根系伸长区细胞死亡。这是酸性土壤中植物根系不发达的主要原因，也是在酸性土壤中施用碳酸钙或石灰可以降低土壤酸性、促进根系生长的原因。

（2）镁肥　硝酸镁 $[Mg(NO_3)_2 \cdot 6H_2O]$ 和硫酸镁（$MgSO_4 \cdot 7H_2O$）是灌溉施肥中常用的可溶镁肥。镁在植物叶绿体中起核心作用，在植物的新陈代谢中也发挥着重要作用，包括蛋白质的合成、高能化合物ATP的合成和活化，以及碳水化合物在植物体中的分配等。在酸性土壤中，自然形成的矿物硫酸镁石（$MgSO_4 \cdot H_2O$），可用作可溶态的镁肥。在碱性土壤条件下，黏土矿物主要是蒙脱石，镁含量占其晶格重的6%左右，这种黏土矿物可以持续地、缓慢地向土壤溶液中供应镁。需要注意的是，在对黏粒含量很低的砂质土进行灌溉施肥时，通过灌溉施用的铵态氮可能会与镁的吸收产生竞争关系，从而引起植物缺镁。

（3）硫肥　硫是植物的必需元素，在植物体内的含量和磷接近。作为一种植物生长发育的必需营养元素，灌溉水中的SO_4^{2-}常常就能满足植物对硫的需要。作为硫酸钾、硫酸铵和硫酸镁等肥料的阴离子，它们可以完全满足植物对硫的需求。

5.4.2　灌溉水中的钙、镁、硫

灌溉水中含有不同浓度的多种元素，所以灌溉施肥中必须考虑当地灌溉水中的盐分含量和含盐总量。一般情况下，在灌溉水中的钙、镁和硫（SO_4^{2-}）含量均相当丰富，分别为26～200克/米^3、14～60克/米^3、21～599克/米^3。当灌水量为500毫米时，相当于每公顷给作物施用了13～100千克钙肥。如果所有的钙都施到作物根部，对大多数作物来说都不会缺钙。因此，在滴灌施肥时需要将灌溉水中的养分元素考虑在内，以免给土壤施入过多的盐分。

5.5　微量元素肥料

植物吸收的二价阳离子微量元素有Fe^{2+}、Mn^{2+}、Cu^{2+}和Zn^{2+}，吸收的阴离子有MoO_4^{2-}、$B(OH)_4^-$，其中硼元素还可能以分子态硼酸 $[B(OH)_3]$ 的形态存在于灌溉水中。由于Fe^{2+}、Mn^{2+}、Cu^{2+}和Zn^{2+}非常容易和土壤黏粒及土壤其他成

分发生反应，所以，当微量元素肥料以无机硫酸盐这样最简单的无机盐形式施入土壤时，它们的有效性会急剧下降而转化为无效形态。然而，如果二价阳离子微量元素Fe^{2+}、Mn^{2+}、Cu^{2+}和Zn^{2+}以螯合形态施入，金属元素会从螯合物中缓慢释放出来，在植物根系表面一直保持能被植物吸收利用的有效形态。而且，当螯合态的微量元素被吸收进入植物体内后，它们就和植物体内的有机酸（如果酸等）形成盐，并以这种复合形态通过木质部从根部运输到其他组织中。植物能产生大量的这种复合物质，来促进特定的微量元素的吸收和转运。常用于灌溉施肥的微量元素肥料见表5-4。

表5-4 用于灌溉施肥的微量元素肥料种类

肥料种类	分子式	养分含量/%	溶解度（克/100毫升，20℃）
硼酸	H_3BO_3	17.5	6.4
硼砂	$Na_2BO_7 \cdot 10H_2O$	11.0	2.1
水溶性硼肥	$Na_2B_8O_{13} \cdot 4H_2O$	20.5	易溶
钼酸	$MoO_3 \cdot H_2O$	59	0.2
钼酸铵	$(NH_4)_6Mo_7O_{24} \cdot 4H_2O$	54	—
硫酸铜	$CuSO_4 \cdot 5H_2O$	25.5	35.8
硫酸锌	$ZnSO_4 \cdot 7H_2O$	21.0	54
硫酸锰	$MnSO_4 \cdot H_2O$	30.0	63
螯合锌	DTPA或EDTA	5.0~14.0	易溶
螯合铁	DTPA、EDTA或EDDHA	4.0~14.0	易溶
螯合锰	DTPA或EDTA	5.0~12.0	易溶
螯合铜	DTPA或EDTA	5.0~14.0	易溶

注：数据引自《水肥一体化技术》（张承林等，2012）。

5.5.1 硼（B）

在施用单一营养元素硼的灌溉施肥溶液中，硼以硼酸［$B(OH)_3$］或者硼酸根离子［$B(OH)_4^-$］的形态存在。在植物细胞质中（pH值为7.5），超过98%

的硼以B（OH）$_3$的形态存在，在液泡中（pH值为5.5），99.9%的硼以B（OH）$_3$的形态存在（Brown等，2002）。植物根系对硼的吸收受溶液pH值的影响，弱酸性条件下，植物对硼的吸收效率非常高，当pH值大于8.0时，硼的吸收有一个明显的拐点并快速下滑。

缺硼会严重抑制植物的生长发育，同时，硼对花粉发芽、花粉管伸长和生殖细胞有丝分裂影响明显。此外，硼对钙的植物代谢和利用效率也非常重要。

5.5.2　氯（Cl）

植物可以从土壤溶液和灌溉水中吸收大量的Cl$^-$，所以植物不太可能出现缺氯的情况。在植物体内部，光合作用中的水解过程必须有氯的参与，同时氯和锰一起构成植物体内PSⅡ的氧气释放中心（OEC）（Ferreira et al.，2004）。此外，氯还在植物吸收的营养元素阴离子和阳离子的电荷平衡方面扮演着重要角色。但是，大量的氯累积在植物叶片上，可能会给植物带来毒害作用，引起敏感植物坏死。

5.5.3　铜（Cu）

铜是负责光合作用的植物细胞叶绿体的组成成分，虽然铜的需求量很少，但对光合作用非常重要。在土壤中，特别是当pH值大于7.0时，铜被土壤有机质固定，减少了铜对植物的有效性。但是，在应用营养液来培养植物时，营养液中的有效态铜即使刚刚超过植物所需要的适宜浓度，也有可能带来诸如"铜休克"（copper shock）等铜中毒现象。所以，非常严格地控制灌溉施肥溶液中的铜含量是十分必要的。

5.5.4　铁（Fe）

一般来说，在通气良好的土壤中，铁以难溶的形态如氢氧化铁［Fe（OH）$_3$］存在。当根系附近的土壤pH值较低时，比如在植物吸收硝态氮的情形下，这时可能有足够的铁能满足植物的需要。通常较高的碳酸钙含量会降低铁的有效性，但在根系附近土壤pH值低的情况下，即使土壤碳酸钙含量很高植物也不会缺铁。铁一旦进入植物体内，就会和无机酸形成化合物，如柠檬酸铁，并转运到植物细胞特定的点位。植物缺铁最常见的症状是在植物顶部新叶发生黄化现象

（黄萎病）。这种情况特别是在pH值大于8.0的钙化土壤上非常明显，常常称为石灰引起的黄萎病。有时候，分析测试发现植物叶片中含铁量很高，但依然有缺铁现象影响植物生长。据此，专家推断，叶片中铁的功效可能有延迟现象（Römheld，2000）。

5.5.5 锰（Mn）

在灌溉施肥过程中，要使锰在土壤溶液中持续保持一定的浓度是很难实现的。在灌溉施肥条件下，在土壤中施入锰后很短时间内（以秒或者分钟计），土壤溶液中的锰就快速下降到缺乏的程度，一方面这是土壤黏粒快速吸附作用的结果；另一方面表土层的良好通气条件，有利于形成氧化态的Mn^{3+}和Mn^{4+}，这些不溶性矿物也降低了锰的可溶性，使Mn^{2+}降到较低的水平。而沉淀反应消除活性锰的作用，包括形成Mn^{2+}磷酸盐或碳酸盐，可能并不像Fe^{2+}、Cu^{2+}和Zn^{2+}那么重要。在施用后数秒到几个小时的时间内，Mn^{2+}的可溶性受瞬间吸附作用的控制，但是，经过一段时间后，生物对Mn^{2+}氧化作用的重要性就上升了，变成Mn^{2+}移除的主要控制机制（Silber et al.，2008）。

5.5.6 钼（Mo）

钼是硝酸还原酶的影响因子，对植物硝酸盐的新陈代谢来说，是必不可少的。对植物吸收来说，有1个钼的阴离子吸收进入植物体，同时就有100万个NO_3^-进入植物体。因此，在肥料的配方中一般都不添加钼，除非经过验证植物的确出现了典型的缺钼症状。

5.5.7 锌（Zn）

植物发生缺锌的情况，经常是受土壤锌有效性的影响，而不是受土壤中总锌含量偏低的限制。pH值大于7.5、较高的碳酸钙含量、较低的有机质含量和较低的土壤水分含量，是影响锌对植物有效性的主要因素。锌对控制植物组织伸长和扩展的生长素的合成非常重要，因此，植物缺锌症状包括茎和枝条生成簇叶和小叶、叶片很小和发育不良等。植物吸收不同微量元素最适宜的pH值范围见表5-5。

表5-5　植物吸收微量元素最适宜的pH值范围

微量元素	有效性最大的pH值范围
铁	4.0 ~ 6.5
锰	5.0 ~ 6.5
锌	5.0 ~ 7.0
铜	5.0 ~ 7.0
硼	5.0 ~ 7.5
钼	7.0 ~ 8.5
氯	与pH值无关

注：引自《灌溉施肥：水肥高效应用技术》（乌兹·卡夫卡费等，2013）。

滴灌水肥一体化技术在甘薯生产中的应用是近几年的事情，由于可参照的标准化资料较少，而滴灌水肥一体化设备与装置类型多样，导致不同地区在应用过程中，系统配置参数不一，技术标准参差不齐，应用效果也大不相同。为了实现技术上符合要求、经济上最大限度地节约成本的双重目标，结合甘薯栽培的特点，本章对甘薯滴灌水肥一体化的系统配置要点进行了总结。

6.1   甘薯滴灌水肥一体化系统配置

6.1.1   水源与提水设备

河流、湖泊、池塘、水库、机井、沟渠等均可作为水肥一体化系统的水源，但水质必须符合要求。对于具有悬浮物的塘水和河水，需要在源头加设过滤装置，防止水中杂物进入输水管道；有时还需要对水中Cl^-、Mg^{2+}、K^+、Ca^{2+}含量及pH值进行化学分析，以便针对不同水质水源采取不同处理措施。

水肥一体化系统中常用的提水设备有潜水泵、离心泵等，其作用是将水流加压至系统所需压力并将其输送到输水管网。对于河流、池塘或沟渠水源，一般选用离心泵，其配套的动力机械一般是汽油机或柴油机，为防止各种悬浮污物进入滴灌系统造成管路堵塞，需要在源头加上过滤网装置。当水源地具备电力供应条件，且以地下水、河流、池塘或沟渠为水源，可选择使用电动潜水泵，电动潜水泵功率可根据灌溉时的地块规模选择。当不具备电力供应条件时，可选用和单相直流电源配套的直流电泵，可由电瓶车配带的48伏或60伏直流电泵供电。一般情况下，只要电动潜水泵功率在500瓦以上、扬程10米以上、每小时流量在10米³以上即可满足小面积地块的灌溉要求。当然如果水源的自然水头（如水塔或高位水池），或者有些规模化种植区田间地头已安装好出水口，只要出水压力可以满足滴灌系统要求，则完全可以省去水泵和动力设备（图6-1）。

图6-1　从田间出水口直接引水灌溉

6.1.2　输水管的配置

甘薯滴灌系统田间输水管网主要由输水主干管、地面支管、田间毛管（滴灌带）等部分组成。合理配置输水管网，做到既满足甘薯滴灌施肥要求，又最大限度地控制投入成本。输水主干管可选用聚氯乙烯（PVC）材质塑料管、聚乙烯（PE）树脂+丙纶丝复合材质软管。当选用PVC材质时，可置于地下，便于多年重复使用；置于地上时，一般多用PE+丙纶丝复合材质软管，便于临时的铺设和回收。支管一般置于地上，多使用PE材质，便于和田间毛管连接。输水主干管与地面支管由三通开关连接，其直径一般为60～80毫米，工作压力0.25兆帕。有时，当地块距水源较近时，简易的甘薯滴灌水肥一体化系统输水主干管和地面支管均选用PE材质软管，输水主干管在甘薯进行栽插时临时铺设，灌溉完毕即收回存放，随用随安装。而地面支管与田间滴灌带通过旁通开关相连，一般仅当季使用，每年更新1次。

6.1.3　过滤器的选择

过滤设备的作用是对滴灌水进行过滤，防止各种污物进入滴灌系统堵塞滴头。针对灌溉水中的可溶性化学物质或微生物等，一般采用加入某些化学药剂或清毒药品，如做氯化处理或加酸处理，以中和水中有碍溶解的反应或杀死某些微生物等；对于水中的悬浮物或固体颗粒物等，则通过沉淀或过滤的办法除去。过滤器可选用砂石过滤器、叠片过滤器、筛网过滤器等多种类型。除灌溉水中有较大的砂粒需要在源头加装砂石过滤器外，多数情况下，直接在施肥装置前后安装筛网过滤器或叠片过滤器即可，这两种过滤器均具有操作简单、冲洗容易、价格低廉等优点，主要用于过滤灌溉水中的细沙、粉粒和水垢等，也可用于过滤含有少量有机污物的灌溉水。不同类型过滤器有不同的规格（如流量和进出水口直径不同），因此需要根据地块规模进行选择。如果地块规模较大，一般选用规格较大的过滤器；如果地块规模不大，可选择小型的过滤器。

6.1.4 施肥器的选择

简易甘薯滴灌施肥系统对施肥器要求不高，压差式施肥罐、文丘里施肥器及加压注肥泵（包括比例注肥泵、电动注肥泵等）均可使用，不同施肥器的特点这里不再赘述。但是，除施肥罐自带肥料桶外，文丘里施肥器、加压注肥泵在使用时均需要配有肥料桶，用于肥料的溶解。各施肥器接入滴灌施肥系统方式见图6-2至图6-5。

图6-2　使用压差式施肥罐施肥

图6-3　使用文丘里施肥器施肥

图6-4　使用比例注肥泵施肥

图6-5　使用电动注肥泵施肥

6.1.5　滴灌带的选择

滴灌带一般有侧翼迷宫式滴灌带、内镶贴片式滴灌带、内镶圆柱滴灌管3种类型。其中，侧翼迷宫式滴灌带迷宫流道设计，其迷宫流道及滴孔一次真空整体热压成型、黏合性好，制造精度高，紊流态多口出水，抗堵塞能力强，出水均匀。其技术参数一般为管径16毫米，壁厚0.2～0.6毫米，工作压力0.02～0.25兆帕，流量1.5～2.5升/时。由于具有较高的抗压强度，侧翼迷宫式滴灌带在田间的铺设长度可达80米；同时，它重量轻，安装管理方便，人工安装费用低，在甘薯水肥一体化技术中应用较为广泛。

内镶贴片式滴灌带是在制作过程中，将预先制造好的滴头镶嵌在毛管内的滴灌带，滴头、管道整体性强，内镶滴头自带过滤窗，抗堵性能好。它同样具有紊流态流道设计，出水均匀（图6-6）。由于用料及生产技术等均优于侧翼迷宫式滴灌带，因此内镶贴片式滴灌带技术参数如承压能力和流量等均优于侧翼迷宫式滴灌带，售价也较高，在甘薯上的应用不如侧翼迷宫式滴灌带普遍。而内镶圆柱滴灌管价格更高，可多年连续或重复使用，一般在多年生作物或果树上应用较多，而在甘薯生产中的应用很少。在具体应用中，一般应选择出水口间距与甘薯株距相当的滴灌带，以保证灌水的均匀性。

　　　　侧翼迷宫式滴灌带　　　　　　　　内镶贴片式滴灌带

图6-6　不同类型滴灌带

6.1.6　滴灌系统的设计、连接

　　应根据地块规模和地块长度设计田间滴灌系统，并根据输水主干管的供水流量设计地面支管和田间毛管管网。对于简易的甘薯田间滴灌系统，选用内径63毫米的输水主干管，流量一般为每小时25～30米^3，系统控制面积为5～10亩。在既定输水压力下，若地块长度超过100米，一般应沿垂直于垄的方向，在地块中间设置1个地面支管，让灌溉水从地块中间向两端输送，以保证能在滴灌带的承压范围内把灌溉水送至滴灌带末端（图6-7）。施肥装置一般置于输水主干管末端，地面支管之前，若利用地表水（如河水、池塘水或蓄水池的水）进行灌溉，在施肥装置之前一般应装有砂石过滤器（地下水则不用），以过滤水中的砂粒、石砾或其他悬浮杂质等；在施肥装置之后则应安装筛网或叠片过滤器，以过滤肥液中未完全溶解的肥料颗粒或肥料中的其他不溶物等。

图6-7　地面支管置于地块中间向两端灌水

6.2 甘薯滴灌水肥一体化的农机农艺配套技术

6.2.1 机械化配套技术

滴灌带铺设若由人工完成，费工费时。利用先进的农业机械（图6-8），实现旋耕、起垄、铺设滴灌带、覆膜、喷药的一次性作业，可降低劳动强度与用工量，大大提高作业效率。该机作业时的垄宽可按栽培要求进行调节，具有同时起2个或3个垄等不同型号，作业时根据所需动力要求配备不同动力机械。双垄机每小时可完成8~10亩的田间作业，同时起3垄则效率更高。在我国北方地区，甘薯均采用垄作栽培，地膜覆盖已成为常规的增产措施；该机可将地膜覆盖技术与滴灌技术相结合，实现甘薯的膜下滴灌栽培，具有保墒、增温、防草和提高水分利用效率、增加甘薯产量的优点。

图6-8 旋耕、起垄、铺设滴灌带、覆膜一体机

山地丘陵区地块偏小，大型机械作业不便，一些小型机械被广泛推广应用。这些小型机械一般由手扶拖拉机提供动力，在已完成起垄的地块，实现喷药、铺带、覆膜一体化作业。其机身小巧，作业灵活，可大大提高工作效率，得到农民的普遍认可（图6-9）。

图6-9　小型铺设滴灌带、覆膜一体机

6.2.2　农艺配套技术

水肥一体化与甘薯田间栽培技术进行组合与优化集成，解决了传统滴灌技术与栽培技术的分割问题，将农业应用技术及工程技术进行科学组装，进一步促进甘薯栽培模式的改进与栽培技术的更新，实现节水、高产、高效、省工、省时，提高甘薯栽培的产量与质量。经过多年的生产实践探索，在我国北方薯区，现已探索出基于机械化作业的适于春薯栽培的"单行插秧"和"大垄双行"两种水肥一体化栽培技术模式。其中，"单行插秧"的垄宽0.80～0.90米、垄高0.25～0.30米，滴灌带铺设于垄的顶部，紧靠薯苗，栽插时节约用水，薯苗成活率高。"大垄双行"垄宽1.10～1.30米、垄高0.25～0.30米，薯苗双行交错栽插，滴灌带在两行中间，同时浇两行薯苗，节省滴灌带；插秧方式也由传统的直插方式演变为斜插、船插、平插等多种方式，适合不同土壤类型或土壤质地条件下应用。与"单行插秧"模式相比，"大垄双行"模式滴灌带铺在中间，和薯苗的距离相对较远，为提高甘薯成活率，栽后浇定苗水时应注意增加灌水量，以保证薯苗全部成活（图6-10）。

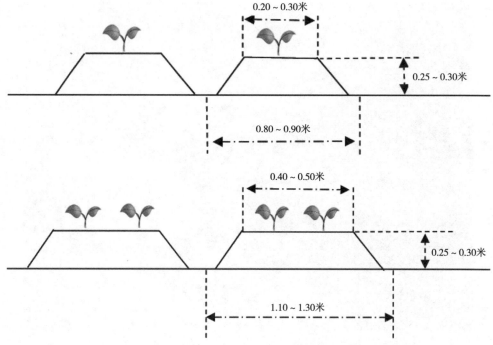

图6-10 北方薯区"单行插秧"（上）和"大垄双行"（下）栽培模式示意图

6.3 甘薯滴灌水肥一体化技术在不同地区的应用模式

经过多年的应用探索，甘薯水肥一体化技术已在不同地区得以大面积推广应用。针对平原和山地丘陵区水源、土壤的特点，以及甘薯种植地块的规模、土地平整程度及水源供应状况等实际，开创了平原区固定水源的水肥一体化应用模式与山地丘陵区无固定水源的应用模式，并在不同地区进行施肥实践，取得了良好的应用效果。

6.3.1 平原区固定水源的应用模式

平原地区一般水源充足，地块平整，适合大型机械作业。因此，平原地区甘薯水肥一体化多采用大型"悬耕-起垄-铺带-盖膜"一体机进行作业，其作业效率高，作业效果好。结合不同地区种植习惯，多采用"单行插秧"（图6-11）或"大垄双行"模式（图6-12）。两种模式前面已进行介绍，这里不再赘述。

图6-11　"单行插秧"膜下滴灌

图6-12　"大垄双行"膜下滴灌

6.3.2 山地丘陵区拉水滴灌模式

山地丘陵区一般水源缺乏，地块零碎，不适合大规模作业。因此，在水肥一体化实践中，以"移动水源"为滴灌系统提供灌溉用水，移动水源一般由农用拖拉机或农用三轮车从距离较远的水源拉水提供，装水的容器可选用水袋或水箱。通过"稳压直流电源+直流电泵"从水箱将水注入滴灌水肥一体化系统进行滴灌和施肥，直流电源电压根据直流电泵额定电压进行选择，一般工作电压为48伏、60伏或72伏，有些农民朋友利用自家农用电动车（两轮或三轮）电瓶来提供电源，方便实用。施肥时可把肥料溶解在拉水车水袋或水箱中，通过滴灌系统直接泵入田间。该简易系统根据直流电泵的流量，每小时可灌水8~10米³或更多，可同时进行3~4亩规模的地块的灌水和施肥（图6-13）。

图6-13　山地丘陵区拉水滴灌模式

6.4　甘薯滴灌水肥一体化应用需注意的问题

应用滴灌系统进行施肥，既方便了甘薯后期的养分管理，减少了施肥过程的人工成本，又节省了肥料的投入量，节约了开支。但是，滴灌施肥除对肥料的溶解性、相溶性、腐蚀性等有较高的要求外，还有一些需要注意的问题。如果忽略这些问题，同样会对滴灌施肥的效果产生较大影响。

（1）**滴灌灌水与施肥的程序**　薯块快速膨大期开始之前（一般春薯栽后70~90天），可按照事先的施肥方案和施肥量利用滴灌系统进行追肥。追肥时，首先将欲施入的肥料在施肥罐内溶解好，先浇10~20分钟的清水，以湿润表层土壤并检验滴灌系统的完好程度，在确保滴灌系统完好、无明显漏水现象后，把肥料罐接入滴灌系统，打开进水和出水阀门，将肥料随灌溉水施入。待所有肥料全部施入完毕，再浇10~20分钟的清水，以冲洗管道内残余肥料，并将土壤表层的养分向下淋洗，然后结束灌溉和施肥。对土壤中地下害虫为害严重的地块，滴灌结束前，可随水滴入一定浓度的药液，滴灌结束时，让药液残留在滴灌带内，以防止地下害虫咬破滴灌带。

（2）**滴灌施磷问题**　需要明确的是，由于磷在土壤中移动性差，滴灌施入的磷被固定在土壤表层，无法到达植物根区被根系吸收利用，因此通过滴灌追施磷肥的效果一般很难保证。因此，基肥施用量以确保施入的磷素营养能够满足甘薯全生育期需要为宜。当然，若确定需要通过滴灌系统施入磷肥的话，可以选择聚磷酸盐形态的磷肥，如聚磷酸铵等，此种磷肥水溶性好，在土壤中的移动性强，但需要计算施磷时所带入的氮的量。同时，因聚磷酸铵肥料的聚磷酸根阴离子在土壤中需要转化为正磷酸根才能被甘薯根系吸收利用，因此，通过滴灌滴入的聚磷酸铵肥料的磷素营养起效时间比施入正磷酸盐要晚一些。

（3）**滴灌施用微量元素肥料**　前面章节已述及，除钼和硼两种元素以MoO_4^{2-}、$B(OH)_4^-$或者硼酸$[B(OH)_3]$的形态被吸收外，其他微量元素如铁、锰、铜、锌在溶液中均以二价阳离子形态存在，当其通过滴灌系统施入土壤后，非常易于和土壤黏粒或土壤其他成分发生沉淀反应而转化为无效形态。因此，除钼和硼两种元素以外的其他微量元素施肥，均须以螯合形态施入，以保证施入土壤中的微量元素离子，能够在植物根系表面一直保持能被吸收利用的有效形态。一般情况下，微量元素很少单独通过滴灌系统施用，主要是通过含微量元素的水溶肥一起施入土壤。

（4）**防止灌水量过多**　甘薯在薯块膨大期的滴灌追肥是结合灌水进行的，而甘薯生长的中后期，薯块膨大迅速，需要土壤具有良好的通气性，只有保持适宜的土壤含水量范围，才更有利于薯块膨大。因此，追肥时不宜一次性灌水太多，若追肥量较大或肥料的溶解性不好，施肥时需要大量的水才能施入，需要提前把肥料溶于水制成溶液，或者选择液体肥料直接通过滴灌施入，确保每次追肥不灌入太多的水，以保持良好的土壤通气条件。例如，在薯块膨大期通过滴灌系统施入硫酸钾肥料时，若使用普通的颗粒硫酸钾，则溶解时间较长，滴灌浇入的水较多，此时就需要提前把硫酸钾制成溶液再进行滴灌施肥。灌水过多还会引发另一个不良后果，就是滴灌施入的氮会随大量的灌溉水淋洗到根层以下，导致甘薯根系不能正常吸收，造成肥料的浪费和甘薯氮的缺乏。解决的办法是将肥料分次滴灌施入，以减少每次施肥时的灌水量。肥料分次施用时，施肥间隔周期可以掌握在20～30天进行1次。

（5）**防止滴灌施肥造成的盐害**　很多肥料本身就是无机盐，通过滴灌向土壤中施入过多的无机盐会对甘薯根系造成盐害，尤其是通过滴灌施入的肥料，多集中在甘薯根区附近，若一次性施肥过多，会导致甘薯根区土壤盐分离子浓度过高而危害甘薯生长。因此，若是在甘薯生长发育前期进行滴灌施肥，一定要控制肥料施入量，如磷酸二氢钾、硫酸钾等，尤其磷酸盐在土壤中随灌溉水向下层土壤的移动较慢，多聚集在土壤表层；加上春季空气干燥，土壤表层蒸发量大，使得下层土壤中的盐分很容易随水移动到土壤表层聚集。此时期若一次性施入太多肥料，会对甘薯幼根产生不可逆伤害，严重的造成死苗。

（6）**水肥药一体化问题**　甘薯水肥药一体化是在水肥一体化技术的基础上，将杀菌剂、杀虫剂、生物刺激素等药物随水肥一起施入到甘薯根部。水肥药一体化具有许多优势：省去了单独的施药环节，节省人工；药物可直接施在甘薯根部，施药的精准度高；可在甘薯生育期内随时进行，操作方便；可实现水肥药的协同，增进肥效和药效。但是，从近几年各地实施水肥药一体化的应用效果来看，仍存在以下问题。一是水肥药一体化技术缺乏理论研究支持。施药种类、施药时间和施用量等均没有可依赖的试验研究成果支持，种植户在施药过程中也没有技术操作方面的指导。二是大量农药施入土壤后，破坏了土壤微生物的平衡。一些有益土壤微生物受药物毒害而大量死亡，土壤健康受到威胁。三是施药次数多、剂量大，土壤残留多。由于施入的农药被滴灌水稀释很难达到杀虫效果，一些农户盲目增加用药量，造成农药在土壤中大量残留，污染土壤和地下水环境。四是一些肥料和农药可能在灌溉水中发生相互作用，同时降低肥效和药效。

7.1　作物施肥的基本原理

7.1.1　植物生长发育的必需营养元素

按照国际植物营养学会的规定，植物必需元素在生理上应具备3个特征：对植物生长或生理代谢有直接作用而不是间接作用；缺乏该元素时植物不能完成正常的生命周期；该元素的生理功能不能用其他元素来代替。目前已经确认的植物生长发育必需营养元素有17种：碳、氢、氧、氮、磷、钾、钙、镁、硫、铁、锰、铜、锌、硼、钼、氯、镍。在这17种营养元素中，碳、氢、氧主要来自空气和水，其余14种元素来自土壤和肥料。各种营养元素的生理功能在第3章已经进行过详细介绍，这里不再重复。

7.1.2　合理施肥的基本理论

施肥是保障作物高产稳产的重要措施之一，它不仅直接关系到作物生长发育和产量，还对作物的品质及环境产生影响。传统的施肥方式最普遍的问题就是肥料利用率偏低，养分随水流失严重，对环境造成不良影响。因此，合理施肥，提高肥料利用率，既可节约农业生产投入，又可有效保护环境，实现农业的可持续发展。实现科学合理施肥，最重要的理论依据就是李比希的营养学说，同时还需要清楚作物的营养临界期和营养最大效率期，并且能够根据土壤肥力特点和作物营养特性进行平衡施肥等。

（1）最小养分律（木桶原理）　作物需吸收各种养分来满足生长发育的需要，但是决定作物产量的是相对含量最小的养分，而不是绝对含量最小的养分。

在一定范围内，作物的产量随相对含量最小养分的增加而增加。最小养分律核心内容包括两个方面：首先，决定作物产量的是土壤中某种对作物需要而言相对含量最小的养分而不是绝对含量最小的养分，施肥的目的是提高作物适宜的营养物质以补充欠缺，从而获得高产；其次，最小养分并不是固定不变的，是随条件而变化的。补充最小养分满足作物的需求后，此养分就不再是最小养分，另一种养分可能成为最小养分（图7-1）。

最小养分律仅是对养分而言。但是，在农业生产中许多条件均影响作物的生长，最小养分律后来被引申为"限制因子律"，把影响或限制植物生长的各种因素如温度、水分、养分、通气等条件都考虑进去。

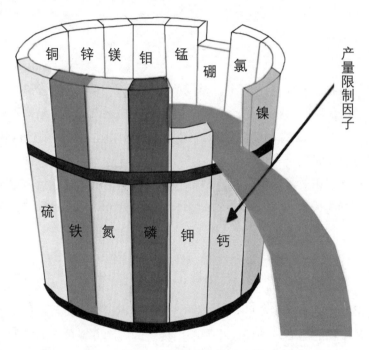

图7-1 最小养分律示意图

（2）报酬递减律和米采利希学说 报酬递减律的核心思想：从一定土地上所得的报酬随向该土地投入的劳动和资本量的增加而增加，但随投入的单位劳动和资本的增加，报酬的增加是逐渐降低的。德国著名化学家米采利希利用著名的燕麦试验深入研究了施肥量与产量的关系，指出在其他技术相对稳定的前提下，施肥的第一次投入是最有效的，以后随每次投入，其总产量是增加的，但单位施肥量的产量增加量是逐渐降低的（图7-2），这就是米采利希学说。

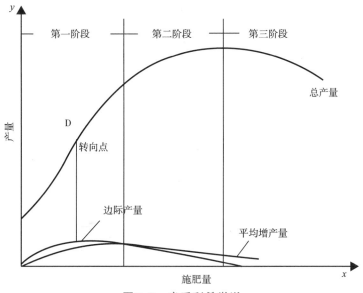

图7-2　米采利希学说

　　在作物施肥中，只有遵循报酬递减律和米采利希学说，才能避免施肥的盲目性。然而也不应该消极地看待它，片面地以减少化肥施用量来降低生产成本和提高肥料报酬，这样是达不到增产增收目的的。

　　（3）同等重要律和不可替代律　作物生长发育所必需的营养元素有17种，对作物来说，不论大量元素、中量元素还是微量元素，每种营养元素在作物生长发育过程中都具有特殊的生理功能，都是同等重要的，缺一不可，相互之间不能替代。因此，施肥时不可忽略作物需要量少的元素，必须是土壤和作物缺什么元素，就补充施用含该种元素的肥料，施用其他肥料不仅不能解决缺素的问题，有时还会加重植物的缺素症状。

　　（4）营养临界期和营养最大效率期　植物生长发育过程中有两个至关重要的时期，即营养临界期和营养的最大效率期。营养临界期是指营养元素缺少或营养元素之间比例不平衡，对植物生长发育有显著不良影响的那段时期。作物此时对某种营养的需求量不多，但却比较敏感，一旦缺乏此种养分便会导致生长受抑，之后即便正常为它提供营养也难以弥补。大多数作物的营养临界期为生长初期，其中磷元素临界期出现较早，氮元素临界期次之，钾元素临界期出现较晚，因此种植期间要适当追施磷肥，让作物吸收足够的磷元素。植物营养最大效率期，是指植物在生长阶段中所吸收的某种养分能发挥最大增产效能的时期。此时期一般出现在作物生长发育的旺盛期，这个时期根系吸收养分的能力最强，植株生长迅速，生长量大，需肥量最多。此时期是追肥增产的适宜时期，追肥后可达到明显的效果。

7.2 甘薯施肥方案的制订

7.2.1 制订施肥方案的方法

（1）确定养分需求总量 要想制订一个科学合理的施肥方案，首先要确定田间作物的养分需求总量。确定养分需求总量的常用方法有目标产量法、养分丰缺指标法和肥料效应函数法等。在甘薯田间养分管理中，目标产量法相对其他两种方法而言较为实用，它是根据甘薯目标产量需肥量与土壤供肥量之差估算出肥料需要量，通过施肥补足土壤供应不足的那部分养分。但是，受土壤环境条件和不同甘薯品种营养特性的影响，甘薯单位产量对养分的需求量是一个区间而不是一个具体的值。因此，通过养分平衡法估算出来的施肥量也只是一个区间范围。

（2）计算土壤和有机肥中可提供的养分量 明确了养分需求总量后，还需要计算土壤和基施的有机肥中可提供的养分量。其中，土壤养分供应量可按式（7-1）进行计算：

$$土壤养分供应量（千克/亩）=土壤速效养分测定值（毫克/千克）\times$$
$$每亩土重\times10^{-6}\times校正系数 \qquad (7-1)$$

式中，每亩土重一般取耕层土壤计算，为150 000千克；校正系数为作物可利用土壤速效养分的比例，其中氮和钾一般取0.7，磷取0.5。

需要说明的是，土壤中速效养分含量的检测需由专业机构来完成，可能需要一定的费用。尤其需要注意的是，土壤样品的采集需要在上季作物收获之后进行，并注意样品采集的代表性，其具体操作将在本书后续章节进行介绍。

除土壤供应养分外，施用有机肥也向土壤带入一定量的养分。由于有机肥种类繁多，不同种类有机肥养分含量差异很大，因此，计算时需要明确施入有机肥的种类，并需要明确不同种类有机肥中的养分含量。表7-1列出了部分有机肥的养分含量。

同样，施用有机肥向土壤中带入的养分可按式（7-2）进行计算：

有机肥提供养分量=有机肥施用量×有机肥中的

养分含量×当季利用率 （7-2）

式中，当季利用率一般取20%～25%。

表7-1 不同来源有机肥中的养分含量 单位：%

有机肥种类	风干基			鲜基		
	氮	磷	钾	氮	磷	钾
人粪尿	9.973	1.421	2.794	0.643	0.106	0.187
猪粪	2.090	0.817	1.082	0.547	0.245	0.294
马粪	1.347	0.434	1.247	0.437	0.134	0.381
牛粪	1.560	0.382	0.898	0.383	0.095	0.231
羊粪	2.317	0.457	1.284	1.014	0.216	0.532
鸡粪	2.137	0.879	1.525	1.032	0.413	0.717
堆肥	0.636	0.216	1.048	0.347	0.111	0.399
沤肥	0.635	0.250	1.466	0.296	0.121	0.191

注：引自《水肥一体化技术》（张承林等，2012）。

（3）确定不同养分施用量 首先计算养分缺口。用当季作物养分需求总量减去土壤养分供应量和有机肥带入养分量，得到当季作物的养分缺口；然后根据施肥方式和不同施肥方式下的肥料利用率确定应施入的养分总量。施肥量的计算公式如下：

施肥量=（作物养分需求总量-土壤养分供应量-有机肥

提供养分量）/（肥料利用率×肥料养分含量） （7-3）

7.2.2 甘薯施肥方案制订实例

本小节利用以下实例详细介绍甘薯施肥方案的制订过程。

例：若每生产1 000千克甘薯需要吸收的养分量为氮（N）3.5千克、磷（P_2O_5）1.8千克、钾（K_2O）5.5千克，已知某甘薯种植地块的土壤养分测定结果分别为速效氮60毫克/千克、有效磷25毫克/千克、速效钾80毫克/千克。设定甘薯目标产量为3 000千克/亩，施入的氮磷钾养分分别由尿素、磷酸二氢钾和硫酸钾提供，不施有机肥，试计算每亩需要施入的化学肥料量。

首先，计算目标产量下的养分需求总量。

$$氮（N）需求量=3.5 \times 3=10.5千克；$$

$$磷（P_2O_5）需求量=1.8 \times 3=5.4千克；$$

$$钾（K_2O）需求量=5.5 \times 3=16.5千克。$$

其次，计算土壤可提供的养分量。

$$土壤供氮量=60 \times 150\ 000 \times 10^{-6} \times 0.7=6.3千克/亩；$$

$$土壤供磷量=25 \times 150\ 000 \times 10^{-6} \times 2.29（磷转换为$$

$$五氧化二磷的系数）\times 0.5=4.3千克/亩；$$

$$土壤供钾量=80 \times 150\ 000 \times 10^{-6} \times 1.2（钾转换为$$

$$氧化钾的系数）\times 0.7=10.1千克/亩。$$

再次，计算养分缺口。

$$氮（N）缺口=10.5-6.3=4.2千克；$$

$$磷（P_2O_5）缺口=5.4-4.3=1.1千克；$$

$$钾（K_2O）缺口=16.5-10.1=6.4千克。$$

以上即为当前土壤肥力条件下目标产量为3 000千克/亩鲜薯时计算出来的养分缺口。

最后，计算应施入的养分量和相应的肥料用量，可根据施肥方式和不同施肥方式下的肥料利用率来确定。

在无水肥一体化条件下，基施化学肥料中氮、磷、钾养分的利用率分别为30%、20%、40%，则每亩应施入的氮、磷、钾养分量分别为：

$$氮（N）=4.2/0.3=14.0千克；$$

磷（P_2O_5）=1.1/0.2=5.5千克；

钾（K_2O）=6.4/0.4=16.0千克。

相应的肥料用量分别为：

尿素用量=14.0/0.46=30.4千克；

磷酸二氢钾用量=5.5/0.52=10.6千克；

硫酸钾用量=（16.0-10.6×0.34）/0.5=24.8千克。

在水肥一体化条件下进行滴灌施肥，则化学肥料中氮、磷、钾养分的利用率可分别提高至60%、40%、70%。该条件下应施入的氮、磷、钾养分量分别为：

氮（N）=4.2/0.6=7.0千克；

磷（P_2O_5）=1.1/0.4=2.8千克；

钾（K_2O）=6.4/0.7=9.1千克。

相应的肥料用量分别为：

尿素用量=7.0/0.46=15.2千克；

磷酸二氢钾用量=2.8/0.52=5.4千克；

硫酸钾用量=（9.1-5.4×0.34）/0.5=14.5千克。

以上实例仅仅按照肥料全部基施计算的施肥量。实际生产中，在具有滴灌水肥一体化的生产条件时，利用目标产量法并结合土壤供肥能力确定施肥量之后，甘薯的施肥可分为基施和追施两个环节来完成，基肥和追肥的比例可根据种植地块的土壤质地情况来调整。土壤质地直接关系到土壤的保水保肥性能，传统的甘薯种植多选择通气性较好的砂土或砂壤土，这类土壤的保肥性能差，早期基施的肥料易随水流失，相对于壤土或黏壤土，其基肥的比例应偏小，而应注重甘薯生长中后期的追肥；甘薯若是种植在壤土或土壤偏黏重的地块，则基肥比例可稍高一些，因为这类土壤保水保肥性能强，施入的养分不易随水流失。同时，滴灌水肥一体化技术的应用，极大地提高了肥料利用率，可以减少肥料投入量，节省开支。

7.3 甘薯滴灌水肥一体化中土壤监测

7.3.1 土壤理化指标监测

土壤采样和检测是明确土壤养分、水分状况，制定科学的水肥管理措施的前提。要制定科学合理的灌溉措施和施肥措施，给甘薯提供最佳的生长发育条件，必须了解土壤的水分和养分状况。关于土壤的基本理化性状，除查阅当地土壤普查等基础资料外，可以进行实地采样分析。各地土壤基础资料时间较早，且基础数据也无法具体到某个地块，因此，实地采样分析是获取种植地块当年土壤理化性状最行之有效的方法。

7.3.1.1 土壤采集方法

甘薯土壤调查一般只需采集表层（0～20厘米）和亚表层（20～40厘米）土壤样品。多数情况下仅采集表层土壤样品即可。具体采样方法如下。

（1）采样点布置　按"S"形布点法（图7-3）采集，中心点设在两对角线相交处，根据实际情况设10～15个土壤采样点（土壤肥力条件不均一时可采集15～20个点），具体采样点田间布置见图7-3。

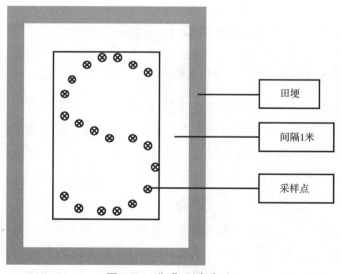

田埂

间隔1米

采样点

图7-3　"S"形布点法

（2）**土样留取**　把每个采样点多点采集的土样混合均匀后，可反复按四分法弃取，最后留下所需的土量（约1千克），将土样装入布袋内，贴上标签备用。具体操作流程：将一张干净的白纸或塑料布平摊在地面或桌面上，将取样袋中的样品倒在上面，用手将其混合均匀，然后将样品摊成一个圆形的薄层，用手在上面划出对角线，去掉对角的两部分样品，留下另外两个对角部分的样品装袋即可（图7-4）。若土样仍然较多，可反复用四分法直至剩余土样量满足要求。

图7-4　四分法操作方法示意图

（3）**采土深度和采土工具**　可根据实际需要采集表层（0~20厘米）和亚表层（20~40厘米）土壤样品。当同时采集两个土层的样品时，应先采集表层土样，然后再在同一采样点采集亚表层土样。有条件的单位可利用土钻进行采样（图7-5），没有条件的也可用铁铲子直接挖坑取样（图7-6）。

图7-5　不锈钢管状取样器（土钻）

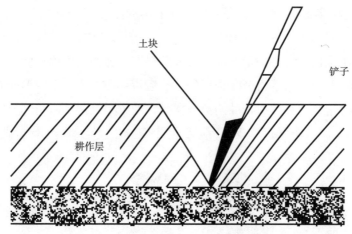

图7-6　挖坑取样方法

7.3.1.2　土壤样品预处理

采集的土样需要及时风干。样品风干前，首先应剔除土壤以外的侵入体，如植物残根、昆虫尸体、砖头、石块以及新生体，如铁锰结核和石灰结核等。具体步骤：将土样平铺在晾土架或地板上，让其自然风干。为防止污染，应衬垫干净的白纸，尤其是供微量元素分析用的土样，严禁用旧报纸衬垫。当土样达到半干状态时，应及时将大土块捏碎，以免干后结成硬块，不易压碎。风干样品的操作应在通风的室内进行，应严禁暴晒，并防止酸、碱等气体及灰尘对样品的污染。风干后的土壤样品用于土壤养分指标的分析测定。

7.3.1.3　土壤速效养分测定

有条件独立进行土壤速效养分分析测试的单位，可以参照《土壤农业化学分析方法》（鲁如坤，2000）或《土壤农化分析》（鲍士旦，2008）提供的方法进行分析测试；如无独立分析测试条件，可委托农业大学、农业科研院所、县（市、区）的测土配方施肥实验室或一些有资质的分析测试公司进行。但是，委托第三方检测的费用较高，分析时效也没有保证，很容易耽误施肥方案的制订。

目前，有许多便携式土壤养分速测仪器推向市场。这些仪器设备操作简单、携带方便，测定快捷，一经推出便得到一些用户的喜爱。但是，此类设备的测定结果准确性差，容易对施肥方案造成误导。因此，在首次应用此类设备进行土壤养分分析时，务必与实验室专业人员的分析测试结果进行比较，以校正设备测定结果偏差（图7-7）。

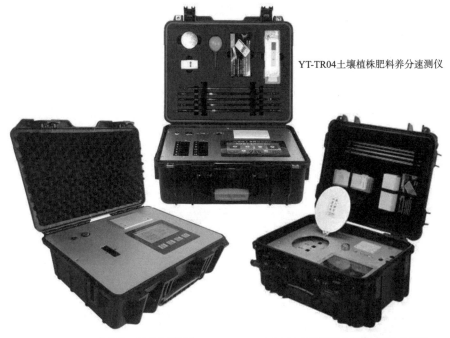

YT-TR04土壤植株肥料养分速测仪

HTYF200全项目土壤养分速测仪　　　　FK-HT500科研级土壤肥料养分检测仪

图7-7　各种土壤养分速测设备

7.3.2　土壤水分监测

甘薯生长发育对土壤水分和土壤通气性非常敏感，土壤过干或过湿均不利于甘薯根系生长发育，尤其是在块根膨大阶段，适宜的土壤水分含量和通气状况对块根产量和品质至关重要。因此，在甘薯生长发育过程中，应做好土壤水分的监测，及时了解土壤水分状况，做好适时适量灌溉，才能保证甘薯高产稳产。

土壤相对含水量是判断田间水分状况的一个重要指标，其数值等于土壤含水量占田间持水量的百分数，它可以反映土壤水的含量、有效性及水气比例等，不同土壤质地和耕作条件下的土壤田间持水量见表7-2。土壤绝对含水量可通过土壤取样实测或用便携式土壤水分测定仪现场测定得到。土壤绝对含水量的取样测定一般采用烘干法或酒精燃烧法。采用烘干法测定时，需要把土壤样品装入已知重量的铝盒内，密封后带回实验室测定，而采用酒精燃烧法测定则可以在野外现场完成。两种测定方法的具体操作可参照《土壤农业化学分析方法》（鲁如坤，2000）、《土壤农化分析》（鲍士旦，2008）或其他相关资料进行；使用便携式土壤水分测定仪田间现场测定操作简单便捷，仪器设备的种类和型号也较多，但缺点是测定结果的相对误差较大，与土壤养分速测仪相似，在首次使用土壤水分速测仪时，需要将所测结果与实验室专业人员通过重量法测定结果进行比较，以校正仪器设备的精度。各种土壤水分速测（监测）设备见图7-8。

表7-2　不同质地和耕作条件下土壤田间持水量　　　　单位：%（质量分数）

项目	砂土	砂壤土	轻壤土	中壤土	重壤土	黏土
田间持水量	10～14	16～20	22～26	20～24	24～28	28～32

注：引自《土壤学》（吕贻忠等，2006）。

TR-8D土壤温湿度记录仪

Aquaterr T-350土壤温湿度仪

SY-HS土壤水分速测仪

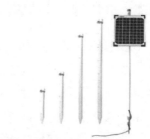

HM-TDR2管式土壤墒情监测仪

图7-8　各种土壤水分速测（监测）设备

　　除了利用室内测定及便携式仪器设备野外直接测定土壤水分，还可以通过用手直接感知（指测法）或通过张力计测定土水势后进行换算得到土壤水分含量。利用指测法测定土壤水分时，先用小铲子挖开根层土壤，抓些土用手捏，对砂壤土来讲，能捏成团且轻抛下不散则表明水分适宜，捏不成团散开则表明土壤干燥；对壤土或黏壤土来讲，抓些土用巴掌搓，能搓成条表明水分适宜，搓不成条散开则表明土壤干燥，粘手则表明土壤水分过多。

　　张力计法是目前在田间监测土壤水分状况并用于指导灌溉的常用方法。张力计测定的是土壤水吸力，并非土壤含水量。其测定结果需要结合土壤水分特征曲线，根据张力计读数找到相对应的土壤含水量，从而了解土壤的水分状况（图7-9）。有关张力计的使用方法可查阅相关书籍，这里不再详述。

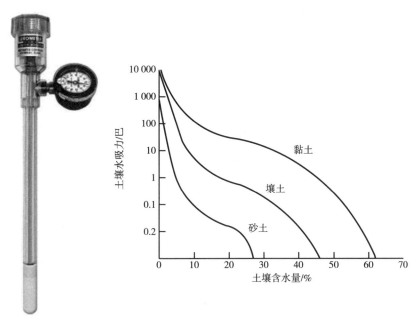

图7-9　土壤张力计（左）与土壤水分特征曲线（右）

笔者所在的甘薯水分生理研究团队，依托国家甘薯产业技术体系岗位专家经费支持，多年来一直致力于甘薯水分生理特性与不同生育时期的水分管理技术研究，探索出甘薯不同生育时期最适宜的土壤相对含水量范围和灌水参数，以供生产者参考（表7-3）。

表7-3　甘薯不同生育时期滴灌灌水参数

生育时期	土壤相对含水量/%	土壤湿润比/%	土壤湿润层深度/厘米
发根缓苗期	60～70	40～55	20～30
分枝结薯期	60～70	40～55	20～30
薯蔓并长期	65～75	60～70	35～40
薯块膨大期	55～65	50～60	30～35

7.4　甘薯滴灌水肥一体化中植物监测

7.4.1　植株养分监测

要制订合理的施肥建议，除以土壤养分测定结果作为参考外，也可以通过测定植株中的养分含量来判定土壤的供肥能力。但是，这种通过观察进行诊断的缺点是当出现缺失症状时，对植株的损害已经形成，此时通过补充养分来防止作物减产为时已晚。通过植物组织分析，可以获得植株样品中的养分状况，及时发现养分缺少问题，为以后制订施肥计划提供依据。但是，植株养分含量检测是一项枯燥的、破坏性的且需要相关试验设备才能完成的工作。对甘薯来讲，为了能有效地避免出现缺素症状，检测工作必须在采样后短期内快速完成。此外，通过直观观察发现养分缺乏症状也可作为一种快速的诊断方式，本书第3章对甘薯各种养分缺乏的症状进行过详细介绍。

甘薯田间样品的采集方法对组织中养分测定结果的影响很大，因为植物组织中的养分含量会随着植物组织生理龄期的推进而发生变化。此外，采样时的土壤湿度、空气湿度和大气温度等，均可以通过影响蒸腾作用而影响溶质在植株中的运移，进而对甘薯茎叶中养分含量产生影响。因此，植物组织采样时，须采用十分严格的标准。对于甘薯来讲，最佳的采样时期为甘薯的生长中期（薯蔓并长期与薯块膨大期转换阶段），此时期甘薯地上与地下生长均衡，地上部茎蔓生长减缓、地下部块根开始快速膨大，此后一个阶段也是甘薯最容易出现缺肥的时期。因此，此时期通过采集甘薯地上部茎叶样品测定其养分含量，对于后期施肥方案的制订具有重要意义。采样时，可采集茎蔓前端1/3长度新成熟的叶片进行组织养分含量分析。分析测定指标包括但不限于以下养分：氮、磷、钾、钙、镁、硼、铁、锰、锌、钼。

7.4.2　植株水分监测

水分对于植物的生命活动有着至关重要的作用，过多和不足都会影响植物正常生理生化过程。与其他作物比较，甘薯体内水分含量占比较高，一般正常生长的地上部茎蔓含水量在80%左右，地下部块根含水量也在70%以上。对甘薯植株水分监测可为其灌溉提供指导，以为其正常的生长发育提供保障。

蒸腾作用是植物耗水的主要途径。陆生植物吸收的水分，只有约1%用来作为植物体的构成部分，大部分都通过蒸腾作用散失到大气中。正常情况下，作物体内的水分处于一种平衡状态，即作物的蒸腾失水速率与土壤的供水速率一致，以保证作物正常新陈代谢的水分需求。一旦这个平衡被打破，当土壤供水速率低于作物的蒸腾速率时，作物就会出现缺水的症状。通常情况下，作物缺水表现可以从作物形态指标上来判断，如作物生长速率减慢、细嫩枝叶出现萎蔫症状等。形态指标虽然易于观察，但当这种症状在植物生长过程中充分展现并能观察到时，其体内的生理生化过程早已受到水分亏缺的伤害。因此，应用一些水分生理监测指标来反映植物的水分状况，对于指导灌溉更为灵敏和及时，但生理指标专业性较强，对其监测需要精密的仪器设备，在生产上的应用存在一定的局限。

对于植株体内水分含量的监测，传统的监测指标有细胞汁液浓度、叶片水势、蒸腾速率等，通过这些指标与植物体内水分含量的关系来间接反映植物水分状况。计算机信息与图像处理技术的发展大大提高了对植株水分的监测水平，可通过计算机视觉和光谱信息来间接反映植物的水分状况，这种方法也被用于植物水分含量的检测。

（1）**细胞汁液浓度**　正常水分含量的植物叶片细胞汁液浓度一般低于干旱情况，当细胞汁液浓度超过一定值后，就会阻碍植物的生长。由于目前没有甘薯的细胞汁液浓度与缺水的相关资料可以参考，所以此方法在指导甘薯灌溉上可操作性较差。

（2）**叶片水势**　叶片水势是反映植物水分状况的较为灵敏的指标，当植物缺水时，叶片水势下降。国内外测量叶片水势的方法主要有压力室法、小液流法等。由于叶片水势在不同生育时期或一天内不同时间的差异很大，目前甘薯叶片水势与缺水的相关资料缺乏，加上监测仪器昂贵，此方法在指导甘薯灌溉上同样缺乏可操作性。

（3）**蒸腾速率**　蒸腾速率是最直接表现植物水分散失情况的指标，通过单位时间内水分散失情况判断作物的受旱程度或干旱发生的可能性。常用的测定方法有快速称重法、稳态气孔法、同位素示踪法等。

（4）**图像技术**　利用图像技术测量植物水分含量是一种随着计算机技术进步而发展起来的新方法。这种方法的优势在于可以对作物进行无接触连续测量，主要通过两种途径来得到作物水分信息：第一种是计算机视觉法，第二种是光谱法。两种方法都是以检测植物体内单一性状变化为基础的水分含量监测，随着计算机图像信息处理技术的发展，利用图像技术对植株体内水分状况进行监测有良好的应用前景。

8.1　甘薯不同生育时期灌水技术研究

8.1.1　甘薯生长发育前期最佳滴灌水量研究

为明确甘薯前期的水分生理效应与最佳滴灌水量，笔者所在的青岛农业大学水分生理与节水栽培团队，在山东省胶州市胶莱镇青岛农业大学现代农业高科技示范园的砂姜黑土上，开展了甘薯前期不同灌水量田间试验。试验共设5个滴灌水量处理，即移栽时定苗水一次性滴灌水量分别为每亩5米^3、10米^3、15米^3、25米^{3}和50米^3，通过对不同滴灌水量条件下甘薯地上部的生长发育指标、地下部根系的形态学指标及块根的分化等进行对比分析，研究了薯苗移栽时不同滴灌水量对甘薯根系形态与产量形成的影响。

（1）前期不同滴灌水量对甘薯地上部生长发育和养分吸收的影响　研究结果显示，充足的水分供应可促进甘薯植株地上部快速生长，前期灌水量越多，地上部的生长越快；而甘薯地下部根系鲜重却随灌水量的增加呈现先增加后减少的趋势，以前期每亩15米^{3}灌水量处理的根系鲜重最大，而以每亩50米^{3}灌水量处理的根系鲜重最小。这说明在甘薯前期过量灌水，促进了移栽后薯苗的快速发根，使土壤中养分保持了较长时间的活性状态，有利于根系快速吸收养分供地上部生长，但也正是土壤湿度大和养分活性高的环境条件，反而对根系的生长发育不利（图8-1）。

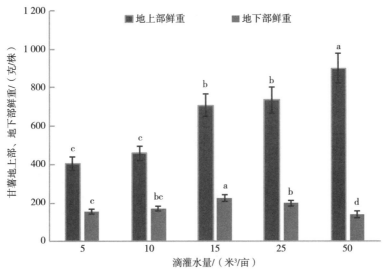

图8-1　不同滴灌水量下甘薯地上部和地下部鲜重（移栽后第50天取样数据）

注：柱上不同小写字母表示不同滴灌水量间差异显著（*P*<0.05）。

从甘薯不同部位氮、磷、钾养分的测定结果可以看出，地上部钾含量和地下部氮、磷钾含量均随滴灌水量的增加而呈现先增加后减少的趋势，地上部氮和磷含量随滴灌水量的增加呈现波动式变化（表8-1），这可能和地上部所采集样品的代表性有关。这一结果充分表明，在每亩15米³滴灌水量条件下，甘薯对氮、磷、钾养分的吸收和运输效果最好，更加有利于甘薯的生长发育。

表8-1　不同滴灌水量下甘薯养分吸收情况

滴灌水量/	地上部养分含量/%			地下部养分含量/%		
（米³/亩）	氮	磷	钾	氮	磷	钾
5	2.51 ± 0.22c	0.31 ± 0.015b	2.47 ± 0.20b	1.20 ± 0.09bc	0.19 ± 0.012bc	2.18 ± 0.16b
10	2.59 ± 0.26c	0.34 ± 0.018ab	2.68 ± 0.16ab	1.39 ± 0.10ab	0.23 ± 0.019ab	2.42 ± 0.15ab
15	3.32 ± 0.21ab	0.37 ± 0.021ab	2.95 ± 0.19a	1.47 ± 0.12a	0.26 ± 0.018a	2.64 ± 0.19a
25	2.85 ± 0.18bc	0.36 ± 0.027ab	2.59 ± 0.16ab	1.32 ± 0.07ab	0.22 ± 0.016ab	2.33 ± 0.21ab
50	3.57 ± 0.24a	0.40 ± 0.033a	2.40 ± 0.15b	1.06 ± 0.08c	0.17 ± 0.014c	2.16 ± 0.17b

注：同列不同小写字母表示不同滴灌水量间差异显著（*P*<0.05）。

（2）前期不同滴灌水量对甘薯根系形态学参数的影响　不同灌水量下根系的形态学参数表现与地下部鲜重一致，随滴灌水量的增加呈现先增加后减少的趋势，以前期每亩15米³灌水量处理的各项指标值最大，此后随灌水量增加而逐渐减少（表8-2）。以上说明，从不同滴灌水量对甘薯前期根系发育的影响来看，适宜的滴灌水量比过量灌水具有显著优势。

表8-2 不同滴灌水量下根系形态学参数（移栽后20天采样数据）

滴灌水量/（米³/亩）	总根长/（厘米/株）	根表面积/（厘米²/株）	根体积/（厘米³/株）	根尖数/（个/株）
5	589.1 ± 52.43b	126.3 ± 9.46b	1.71 ± 0.137c	1 180.0 ± 105.02c
10	634.3 ± 44.18b	140.9 ± 8.95b	1.95 ± 0.146c	1 303.9 ± 71.11b
15	889.2 ± 78.73a	173.4 ± 15.95a	2.82 ± 0.259a	1 523.6 ± 132.81a
25	827.3 ± 68.66a	162.8 ± 13.51a	2.31 ± 0.216b	1 443.6 ± 126.4ab
50	689.4 ± 54.46b	135.2 ± 12.09b	2.01 ± 0.221bc	1 052.3 ± 103.61c

注：同列不同小写字母表示不同滴灌水量间差异显著（$P<0.05$）。

（3）前期不同滴灌水量对甘薯块根分化的影响 基于薯苗移栽后第30天、第40天和第50天的采样分析数据，分别统计了对应于3个采样时间节点，甘薯根直径分别大于1.5毫米、5毫米与10毫米的根的条数，以此反映不同灌水量下块根的分化情况（表8-3）。3个不同时期采样的结果均显示出不同处理下仍以每亩15米³灌水量处理效果最好。以上充分说明，薯苗移栽时，通过滴灌系统灌入的定苗水并非越多越好，在保证薯苗成活的前提下，合理控制滴灌水量，将更加有利于根系的发育和块根分化。

表8-3 移栽后第30天、第40天和第50天的根系分化情况

滴灌水量/（米³/亩）	移栽第30天 直径>1.5毫米根条数	移栽第40天 直径>5毫米根条数	移栽第50天 直径>10毫米根条数
5	2.00 ± 0.35d	1.40 ± 0.53c	0.60 ± 0.23d
10	4.83 ± 0.42c	5.00 ± 0.47a	2.00 ± 0.15b
15	8.83 ± 0.68a	5.80 ± 0.53a	4.20 ± 0.35a
25	6.17 ± 0.53b	5.00 ± 0.45a	2.60 ± 0.22b
50	6.00 ± 0.47b	3.40 ± 0.33b	1.60 ± 0.12c

注：同列不同小写字母表示不同滴灌水量间差异显著（$P<0.05$）。

8.1.2　甘薯生长发育中期水分胁迫生理诊断与水分调控技术研究

2019年，青岛农业大学甘薯水分生理与节水栽培团队，在烟台莱阳市高格庄镇试验基地，利用烟薯25号甘薯品种，在薯苗移栽后第60天通过干旱诊断确认甘薯受旱后通过滴灌系统进行补充灌溉。共设3个水分处理，分别为不灌溉（对照，CK）、每亩灌水10米³（折合有效降水约15毫米，T1）、每亩灌水20米³（折合有效降水约30毫米，T2）。分别于薯苗移栽后的第70天、第110天和第150天，即灌水后的第10天、第50天和第90天，采样或现场测定试验地块甘薯的生长及生理指标。

（1）中期水分调控对甘薯生长发育参数与叶片含水量的影响　甘薯生长中期经干旱诊断后进行补充灌溉，对后续不同生长阶段甘薯生长发育参数与叶片含水量均带来显著影响。可使甘薯生长速度加快，蔓长和叶面积指数增加，从而使田间甘薯群体增大。同时，补充灌水后，甘薯叶片相对含水量升高，可加快其生理代谢的速度（表8-4）。

表8-4　甘薯生长中期水分调控对不同采样时期农艺参数的影响

采样时期	处理	最长蔓长/米	叶面积指数	叶片相对含水量/%
	CK	5.68 ± 0.91a	3.61 ± 0.18b	71.01 ± 0.89c
移栽后第70天	T_1	6.15 ± 0.68a	4.26 ± 0.24a	76.73 ± 0.45b
	T_2	6.53 ± 0.82a	4.77 ± 0.31a	79.90 ± 1.51a
	CK	6.34 ± 0.68b	4.21 ± 0.28c	72.15 ± 0.75c
移栽后第110天	T_1	7.42 ± 0.84ab	5.22 ± 0.46a	75.67 ± 1.19b
	T_2	8.24 ± 0.95a	5.83 ± 0.37a	77.29 ± 0.57a
	CK	3.64 ± 0.83b	0.72 ± 0.13c	63.53 ± 2.43c
移栽后第150天	T_1	5.47 ± 0.67a	1.23 ± 0.16b	66.67 ± 1.58b
	T_2	6.72 ± 1.22a	1.78 ± 0.17a	70.30 ± 1.76a

注：同列不同小写字母表示不同处理间差异显著（$P<0.05$）。

（2）中期水分调控对不同采样时期叶片光合与荧光参数的影响　从光合参数的表现看，两个补充灌水处理的甘薯净光合速率（P_n）、气孔导度（G_s）和蒸腾速率（T_r）在3个采样时期均显著高于对照处理，胞间二氧化碳浓度（C_i）则表现为低于对照处理（表8-5）。补充灌水量越大，这种差异越明显，充分反映出中期干旱后补充灌水有效提高了甘薯叶片的净光合速率，并且这种差异可一直保持到甘薯的收获前期。

表8-5　不同采样时期光合特性

采样时期	处理	P_n/[微摩尔/（米^2·秒）]	G_s/[毫摩尔/（米^2·秒）]	T_r/[毫摩尔/（米^2·秒）]	C_i/（毫摩尔/摩尔）
移栽后第70天	CK	18.5 ± 2.5b	155.3 ± 17.1c	3.2 ± 0.1c	224.3 ± 21.9a
	T_1	22.9 ± 3.3a	419.7 ± 34.5b	3.8 ± 0.4b	164.7 ± 26.9b
	T_2	25.6 ± 1.6a	566.3 ± 37.5a	5.0 ± 0.2a	160.5 ± 19.8b
移栽后第110天	CK	6.8 ± 0.7c	72.9 ± 13.7b	2.3 ± 0.2c	156.3 ± 16.7a
	T_1	12.5 ± 1.6b	198.5 ± 18.6a	2.7 ± 0.2b	132.5 ± 14.5b
	T_2	16.3 ± 2.2a	186.3 ± 10.2a	3.3 ± 0.1a	126.3 ± 7.2b
移栽后第150天	CK	2.5 ± 0.4b	24.5 ± 3.4c	2.0 ± 0.2c	251.0 ± 32.4a
	T_1	4.3 ± 1.8ab	46.2 ± 2.9b	2.3 ± 0.3b	234.3 ± 24.9a
	T_2	5.7 ± 0.7a	85.7 ± 5.8a	2.7 ± 0.2a	203.9 ± 17.3b

注：同列不同小写字母表示不同处理间差异显著（$P<0.05$）。

从荧光参数的表现看，两个补充灌水处理反应中心的性能指数（PI_{abs}）、最大光化学效率（F_v/F_m）、单位中心吸收光能（ABS/RC）、电子传递能量占总吸收光能的比例（ETo/ABS）在移栽后第70天、第110天均显著高于对照处理。单位面积的热耗散（DIo/CSo）在移栽后第70天、第110天均表现为CK>T_1>T_2，说明补充灌溉可以缓解甘薯PSⅡ的热耗散。到移栽后第150天时，由于甘薯叶片的衰老和萎蔫，除PI_{abs}和F_v/F_m外，补充灌水对其他各项指标与对照的差异均不再显著（表8-6）。

表8-6　不同采样时期荧光特性

采样时期	处理	PI_{abs}	F_v/F_m	ETo/ABS	ABS/RC	DIo/CSo
移栽后第70天	CK	7.4 ± 0.5c	0.72 ± 0.02c	0.53 ± 0.02b	1.22 ± 0.02b	1 259.3 ± 97.0a
	T_1	10.6 ± 1.3b	0.80 ± 0.01b	0.60 ± 0.01a	1.31 ± 0.04a	1 050.7 ± 88.6b
	T_2	14.5 ± 1.0a	0.82 ± 0.01a	0.62 ± 0.03a	1.36 ± 0.06a	948.3 ± 74.5b

（续表）

采样时期	处理	PI_{abs}	F_v/F_m	ETo/ABS	ABS/RC	DIo/CSo
移栽后 第110天	CK	3.4 ± 0.4c	0.68 ± 0.02c	0.48 ± 0.01b	1.18 ± 0.02b	1 452.8 ± 123.7a
	T_1	6.6 ± 0.7b	0.74 ± 0.01b	0.52 ± 0.03a	1.25 ± 0.04a	1 347.3 ± 85.5a
	T_2	9.8 ± 0.8a	0.79 ± 0.02a	0.56 ± 0.02a	1.30 ± 0.05a	1 115.4 ± 76.7b
移栽后 第150天	CK	2.2 ± 0.5c	0.54 ± 0.03b	0.44 ± 0.3a	1.15 ± 0.03a	1 532.6 ± 81.2a
	T_1	5.3 ± 0.4b	0.63 ± 0.04a	0.48 ± 0.4a	1.18 ± 0.02a	1 455.3 ± 127.3a
	T_2	7.0 ± 0.7a	0.68 ± 0.03a	0.50 ± 0.2a	1.22 ± 0.04a	1 427.0 ± 55.4a

注：同列不同小写字母表示不同处理间差异显著（$P<0.05$）。

（3）中期水分调控对甘薯地上部和地下部干物质分配的影响　中期补充灌水对甘薯地上部和地下部干物质分配的影响显著。3个不同时期采样的甘薯地上部与地下部生物量均表现为$T_2>T_1>CK$，表现出随补充灌水量增加而增加的趋势。同时，甘薯地下部生物量占总生物量的比例也表现出随灌水量增加而增加的趋势。移栽后第150天的采样结果显示，T_1和T_2处理的地下部生物量分别较CK处理高出26.6%和68.8%（图8-2）。

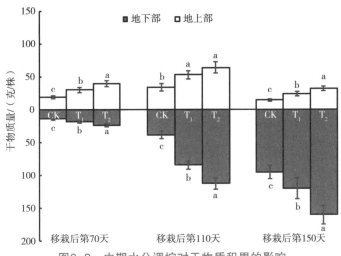

图8-2　中期水分调控对干物质积累的影响

注：柱上不同字母表示不同处理间差异显著（$P<0.05$）。

（4）中期水分调控对鲜薯产量和水分利用效率的影响　中期补充灌水对鲜薯产量和水分利用效率同样产生显著影响。从表8-7可以看出，通过中期补充灌水，增加了单株结薯个数和单株薯块重量，从而显著增加了产量。同时，灌溉水利用效率和总的水分利用效率也得以显著提高（表8-7）。

表8-7　中期水分调控对鲜薯产量形成和水分利用效率的影响

处理	鲜薯产量/（吨/公顷）	单株薯重/克	单株结薯数/个	总灌溉利用效率/［千克/（公顷·毫米）］	总水分利用效率/［千克/（公顷·毫米）］
CK	19.66 ± 1.09c	399.46 ± 42.14c	2.74 ± 0.41b	314.03 ± 17.33a	15.37 ± 0.84c
T_1	24.88 ± 1.87b	497.68 ± 37.35b	3.16 ± 0.50ab	199.67 ± 15.02b	18.64 ± 1.40b
T_2	33.19 ± 4.06a	663.76 ± 61.30a	3.48 ± 0.27a	178.44 ± 21.78b	23.87 ± 2.91a

注：同列不同小写字母表示不同处理间差异显著（$P<0.05$）。

8.1.3　甘薯生长发育后期水分调控效应研究

为明确甘薯生长发育后期水分调控效应，青岛农业大学水分生理与节水栽培团队，于2021年和2022年在山东莱阳开展甘薯后期补充灌水试验。试验品种为北方主栽鲜食型品种烟薯25号，采用垄作覆膜栽培模式。在甘薯生长发育后期（移栽后第100天），根据当年气象监测资料和作物田间理论蒸散发量（ETc），设置5个试验处理，分别为不灌水（T_0）、灌水量33% ET_c（T_1）、灌水量75% ET_c（T_2）、灌水量100% ET_c（T_3）、灌水量125% ET_c（T_4）。采用随机区组设计，小区面积30米^2（6米×5米），每个处重复理3次。

（1）后期不同补充灌溉水平对甘薯干物质累积的影响　后期补充灌溉处理显著提高了甘薯地上部和地下部干物质量（$P<0.05$）。在两年试验中，地上部干物质量随灌溉量的增加而增加，在T_4处理下获得最大值，而地下部干物质量随着灌溉量的增加而呈现出先增加后减少的趋势，T_2处理地下部干物质量最大。随着甘薯的生长，各处理的根冠比不断增加。其中，T_2处理根冠比显著高于T_3和T_4处理。表明，后期补充灌溉增加了甘薯地上部和地下部的干物质量，T_2处理下更利于地下部生物量的积累（表8-8）。

表8-8　后期不同补充灌溉水平甘薯地上部和地下部干物质量及比例

年份	处理	地上部/（克/株）	地下部/（克/株）	根冠比
	T_0	89.55 ± 1.97d	200.74 ± 0.39d	2.24 ± 0.04a
	T_1	113.55 ± 5.28c	227.57 ± 0.94c	2.00 ± 0.09bc
2021	T_2	121.00 ± 4.63bc	257.00 ± 0.78a	2.12 ± 0.09ab
	T_3	130.11 ± 4.39b	244.35 ± 1.11ab	1.88 ± 0.05c
	T_4	143.00 ± 3.24a	235.73 ± 0.80bc	1.65 ± 0.04d

（续表）

年份	处理	地上部/（克/株）	地下部/（克/株）	根冠比
	T_0	103.86 ± 3.41c	155.41 ± 3.17c	1.50 ± 0.04a
	T_1	114.13 ± 9.14c	173.57 ± 2.45b	1.53 ± 0.11a
2022	T_2	128.82 ± 7.65b	178.70 ± 2.71a	1.39 ± 0.10ab
	T_3	134.27 ± 7.60ab	176.68 ± 1.48ab	1.32 ± 0.06bc
	T_4	145.20 ± 5.61a	174.73 ± 0.51ab	1.20 ± 0.05c

注：同列不同小写字母表示不同处理间差异显著（$P<0.05$）。

（2）后期不同补充灌溉水平对甘薯叶绿素含量和光合参数的影响　在灌溉后的不同时间节点对甘薯功能叶叶绿素含量进行动态监测，结果见图8-3。后期灌水处理使甘薯叶片中叶绿素a、叶绿素b、叶绿素（a+b）含量显著高于不灌水处理，其中T_2处理最高，与其他处理的差异均达显著水平（$P<0.05$）。所有处理甘薯叶绿素含量均表现出随时间推迟而下降趋势，但灌水处理叶绿素含量的下降速率低于对照处理。表明甘薯生长后期进行补充灌溉，可提高甘薯功能叶光合能力，从而增加甘薯产量。这一推论可从不同处理下甘薯叶片的净光合速率差异得到证实（图8-4）。

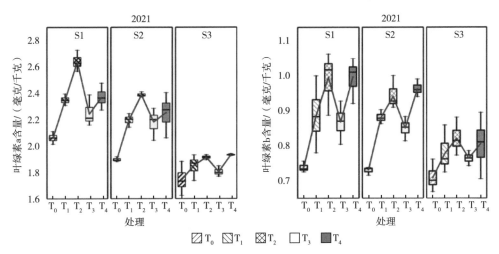

图8-3　后期不同灌溉水平下甘薯叶绿素含量

注：S1、S2、S3分别表示补充灌溉后的第20天、第30天、第40天。

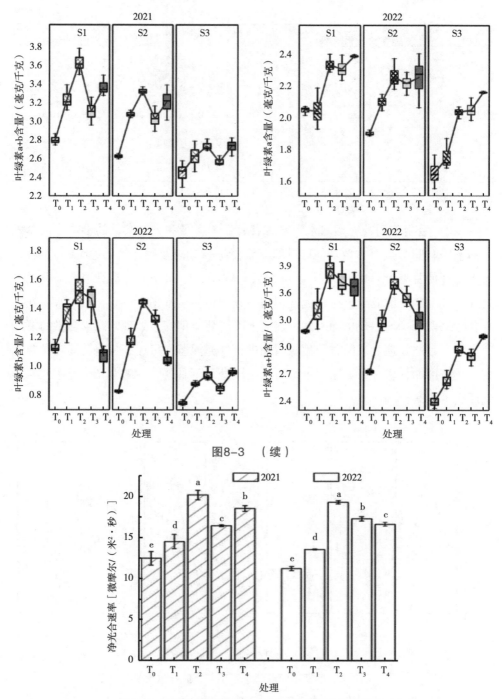

图8-3 （续）

图8-4 后期不同灌溉水平下甘薯叶片净光合速率

注：柱上不同字母表示不同处理间差异显著（$P<0.05$）。

（3）后期不同补充灌溉水平对甘薯块根光合产物积累和分配的影响　与不灌溉相比，后期补充灌水处理均显著提高了甘薯块根^{13}C积累量（$P<0.05$），其中T$_2$处理显著高于其他3个灌水处理（$P<0.05$）。就^{13}C分配率而言，后期补充灌溉显著降低了茎叶中^{13}C分配率，提高了块根中^{13}C的分配率。这表明后期适量的补充灌溉促进了光合产物向块根的分配，且T$_2$处理为最佳灌溉水平，不灌溉和过量灌溉均不利于光合产物向块根的分配（图8-5）。

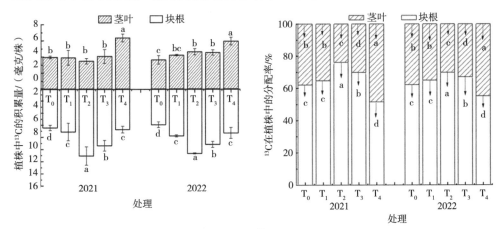

图8-5　后期不同补充灌溉水平下^{13}C累积量（左）和分配率（右）

注：柱上不同字母表示不同处理间差异显著（$P<0.05$）。

8.2　滴灌施肥条件下甘薯钾肥分期施用的研究

8.2.1　滴灌施肥条件下甘薯钾肥施用方式的研究

2013和2014年，国家甘薯产业技术体系水分生理与节水栽培岗位在青岛市胶州市胶莱镇、即墨市刘庄镇两种不同土壤上，基于甘薯滴灌水肥一体化技术，分别布置了甘薯钾肥分期施用田间试验。两地土壤类型分别为砂姜黑土、风砂土，试验用甘薯品种均为徐薯22号。试验方案设3个处理，分别为T$_1$（钾肥全部基施）、T$_2$（钾肥$\frac{1}{2}$基施+$\frac{1}{2}$追施）和T$_3$（钾肥全部追施）。试验钾肥总施用量为135千克/公顷（K$_2$O），为保证甘薯生长过程中不受氮、磷限制，每亩施入氮（N）6千克和磷（P$_2$O$_5$）5千克作基肥，氮肥为尿素，磷肥为过磷酸钙。其中，磷肥在起垄之前撒于土表，于起垄时包于垄心，所有氮肥与50%的钾肥于薯苗移栽后2

周通过滴灌系统施入。其余钾肥的追施时间为甘薯栽插后的第100天，同样以水肥一体化形式施入。

从试验结果可知，砂姜黑土条件下钾肥½基施+½追施比全部基施或全部追施分别增产10.4%、18.9%；风沙土条件下增产幅度分别为17.3%、35.3%，差异均达显著水平。砂姜黑土条件下钾肥分期施用比全部基施或全部追施条件下的钾肥利用率分别提高了12.5个、8.8个百分点，风沙土条件下分别提高了13.9个、23.4个百分点，差异均达显著水平（表8-9）。由此可知，采用分期施钾（½基施+½追施）能显著增加甘薯产量和提高钾肥利用率，适于在甘薯生产中推广应用。

表8-9　不同施钾方式对甘薯产量和钾肥利用效率的影响

土壤类型	试验处理	块根产量/（吨/公顷）	钾肥偏生产力/（千克/千克）	钾肥利用率/%
砂姜黑土	K_1	40.77b	97.41b	30.7c
	K_2	45.02a	107.56a	43.2a
	K_3	37.86b	90.64c	34.4b
风砂土	K_1	33.03b	78.83b	41.2b
	K_2	38.76a	92.61a	55.1a
	K_3	28.65c	68.44c	31.9c

注：同列不同小写字母表示不同处理间差异显著（$P<0.05$）。

8.2.2　滴灌施肥条件下甘薯钾肥最佳施用时期的研究

为明确最佳的分期施钾时期，2014年和2015年，国家甘薯产业技术体系水分生理与节水栽培岗位在胶州市胶莱镇青岛农业大学试验基地，开展了不同时期供钾对甘薯产量及钾肥利用率影响的田间试验。试验地土壤类型为砂姜黑土，甘薯品种为徐薯22号。试验设K_1（135千克/公顷钾肥全部基施）、K_2（½基施+移栽后第75天½追施）、K_3（½基施+移栽后第100天½追施）、K_4（½基施+移栽后第120天½追施）。研究发现：与钾肥全部基施相比，钾肥½基施，其余½分别于移栽后第75天、第100天和第120天进行追施，甘薯产量分别增加19.1%、18.6%、9.4%。其中，移栽后第75天和第100天追施，还能显著增加甘薯钾积累量，提高钾肥利用效率。由此可知，滴灌水肥一体化条件分期施钾，则钾肥追施时期安排在薯苗移栽后第75~100天效果较好（表8-10）。

表8-10 不同施钾方式及时期对甘薯产量和钾素利用效率的影响

试验处理	追施时期	块根产量/（吨/公顷）	钾肥偏生产力/（千克/千克）	钾肥利用率/%
全部基施	—	41.4c	83.8b	50.5b
$\frac{1}{2}$基施+$\frac{1}{2}$追施	移栽后第75天	49.3a	95.1a	58.7a
$\frac{1}{2}$基施+$\frac{1}{2}$追施	移栽后第100天	49.1a	95.3a	56.7a
$\frac{1}{2}$基施+$\frac{1}{2}$追施	移栽后第120天	45.3b	88.2b	44.3c

注：同列不同小写字母表示不同处理间差异显著（$P<0.05$）。

8.3 国家甘薯产业技术体系甘薯滴灌水肥一体化联合试验

8.3.1 试验基本要求

（1）**品种选择** 各薯区采用以下推荐的优质鲜食品种进行试验，也可根据需要增加其他品种，推荐品种如下。

北方薯区：济薯26、烟薯25。

长江中下游薯区：普薯32、鄂薯17。

西南薯区：普薯32、尤特香薯

南方薯区：普薯32、桂薯10号。

（2）**地块选择及基础肥力测定** 选择主产区具有代表性的土壤类型，测定土壤基础肥力（土壤碱解氮、有效磷、速效钾含量、土壤pH值和有机质含量等）。

（3）**试验设计和地块布局** 试验设传统水肥管理技术和水肥一体化种植技术两个处理，采用大区试验，小区面积不少于1亩。传统种植技术采用各薯区常规施肥与浇水方式，水肥一体化种植技术采用本方案的水肥管理方法。

（4）**起垄、覆膜和铺设滴灌带** 采用配套机械实施起垄、覆膜和铺设滴灌带作业。起垄规格：垄形高胖，垄面平整、垄土踏实，无大坷垃和硬心。滴灌带类型和规格：采用贴片式滴灌带，直径16毫米、滴孔间距20厘米，滴水速度每小时1.5~2.0升，工作压力0.1兆帕。铺带时滴灌带平放垄面，滴孔朝上。

（5）**田间栽插** 采用破膜栽插的方式斜插。为便于统计分析，栽插时间尽量选择在4月25日至5月10日，南方薯区可根据当地实际选择栽插时间。选用健康种苗，高剪苗，栽插前用多菌灵500倍液浸泡种苗基部10～15分钟。

（6）**栽插后田间滴灌** 栽插后，根据土壤墒情，确定田间滴水量。土壤相对含水量≥80%，不需要进行田间滴水；土壤相对含水量60%～80%，每亩滴水5米³；土壤相对含水量40%～60%，每亩滴水10米³；土壤相对含水量≤40%，每亩滴水15米³。

（7）**生育期内肥水管理** 第一次肥水滴入时间为移栽后第20天，土壤碱解氮含量北方薯区<60毫克/千克，其他薯区碱解氮含量<80毫克/千克，施肥量为每亩10千克（$N-P_2O_5-K_2O=16-6-36$）腐植酸水溶肥；土壤碱解氮含量北方薯区≥60毫克/千克，其他薯区≥80毫克/千克，施肥量为每亩10千克（$N-P_2O_5-K_2O=8-12-35$）腐植酸水溶肥；第2次和第3次肥水滴入时间分别为移栽后第50天和第80天，施肥量均为每亩10千克（$N-P_2O_5-K_2O=8-12-35$）腐植酸水溶肥。视田间墒情，一般单次滴水量每亩不超过10米³。滴灌施肥时，应将肥料在肥料桶内充分溶解，然后开始滴水15～20分钟，在确保滴灌系统无破损和漏水泥肥现象后开始滴肥，待肥料全部滴入后，再滴水15～20分钟冲洗管道。

（8）**取样、调查和测定指标** 甘薯移栽后第30天、第60天、第90天、第120天、第150天（收获期）采集地上部和地下部植株样品，称量地上部和地下部鲜重，烘干后称量干重，收获期进行田间测产并调查商品薯率。

8.3.2 试验结果

（1）**产量情况** 由表8-11不同试验点鲜薯产量情况看，各大薯区不同试验点采用水肥一体化技术后，鲜薯产量得到显著提升，18个试验点的平均增产率为15.8%，其中，北方薯区12个试验点平均增产率为28.3%，西南薯区2个试验点平均增产率为9.0%，长江中下游薯区3个试验点平均增产率为19.2%，南方薯区只有龙岩一个试验点，增产率为6.7%。其中，增产率在40%以上的有3个试验点，分别为山东邹城、河南漯河（烟25品种）和河南郑州，其增产率分别为45.0%、58.0%和116.4%。可见，甘薯滴灌水肥一体化应用可以显著增加鲜薯产量，但在应用中需根据当地地力、气候特点，对灌水量、施肥量进行科学设计，同时还需要做好病虫害的防控。

表8-11　水肥一体化联合试验不同试验点鲜薯产量情况　　　　单位：千克/亩

处理	邹城 （济26）	泗水 （济26）	烟台 （烟25）	威海 （烟25）	威海 （济26）	运城 （晋9）
传统水肥管理	2 085.50	2 145.30	2 725.80	2 554.61	2 561.87	3 037.26
水肥一体化管理	3 023.60	2 420.80	2 855.08	2 806.36	2 893.74	3 296.54
处理	漯河 （烟25）	漯河 （济26）	郑州 （烟25）	石家庄 （济26）	石家庄 （济26）	阜阳 （济26）
传统水肥管理	1 998.62	2 061.18	1 587.00	1 932.24	1 932.24	2 203.72
水肥一体化管理	3 157.10	2 862.60	3 433.87	2 283.34	2 055.57	2 373.55
处理	万州 （普32）	绵阳 （普32）	南昌 （普32）	武汉 （鄂17）	长沙 （普32）	龙岩 （普32）
传统水肥管理	2 170.47	2 823.13	1 983.35	2 684.88	2 125.03	2 112.62
水肥一体化管理	2 312.03	3 147.21	2 376.56	3 190.08	2 528.75	2 253.65

注：地名后面括号内为试验所用甘薯品种。

（2）商品率情况　从表8-12各试验点薯块商品率情况看，除重庆万州试验点薯块商品率有所下降外，采用水肥一体化技术后，其他各试验点薯块商品率同样得到显著提升，18个试验点薯块商品率平均增幅为7.0%，其中，北方薯区12个试验点平均增产率为8.8%，长江中下游薯区3个试验点商品率平均增幅为5.3%，西南薯区绵羊试验点商品率增幅为2.5%，南方薯区龙岩试验点商品率增幅为5.9%。由此可知，甘薯生产中采用滴灌水肥一体化技术，不仅可以显著提高鲜薯产量，还可以提高薯块商品率，从而增加甘薯生产效益。

表8-12　水肥一体化联合试验不同试验点薯块商品率情况　　　　单位：%

处理	邹城 （济26）	泗水 （济26）	烟台 （烟25）	威海 （烟25）	威海 （济26）	运城 （晋9）
传统水肥管理	81.40	90.07	85.70	88.22	87.51	87.30
水肥一体化管理	87.50	96.06	91.00	94.99	91.18	93.60

（续表）

处理	漯河（烟25）	漯河（济26）	郑州（烟25）	石家庄（济26）	石家庄（济26）	阜阳（济26）
传统水肥管理	80.90	81.30	68.67	82.60	82.60	88.30
水肥一体化管理	90.75	87.60	86.33	89.30	90.50	90.40
处理	万州（普32）	绵阳（普32）	长沙（普32）	龙岩（普32）	南昌（普32）	武汉（鄂17）
传统水肥管理	91.82	86.06	85.30	91.50	88.60	85.00
水肥一体化管理	91.42	90.73	90.70	95.70	93.10	90.00

注：地名后面括号内为试验所用甘薯品种。

主要参考文献

鲍士旦，2008. 土壤农化分析[M]. 北京：中国农业出版社.

邓兰生，涂攀峰，张承林，等，2022. 水溶性复混肥料的合理施用[M]. 北京：中国农业出版社.

范泽民，刘新亮，蒋晓璐，2018. 新时期作物栽培学发展的主要问题与对策：浅谈甘薯栽培研究的困境与出路[C]//中国工程院农业学部，中国作物学会栽培专业委员会. 2018中国特色作物栽培学发展研讨会论文集. 扬州：[出版者不详].

郭清霞，师小周，2001. 褐土区甘薯氮磷钾配比试验与应用[J]. 土壤肥料，（4）：40-42.

江苏省农业科学院，山东省农业科学院，1984. 中国甘薯栽培学[M]. 上海：上海科学技术出版社.

李俊良，金圣爱，陈清，等，2008. 蔬菜灌溉施肥新技术[M]. 北京：化学工业出版社.

鲁如坤，2000. 土壤农业化学分析方法[M]. 北京：中国农业科技出版社.

吕贻忠，李保国，2006. 土壤学[M]. 北京：中国农业出版社.

MARSCHNER H，2001. 高等植物的矿质营养[M]，李春俭等，译. 北京：中国农业大学出版社.

马代夫，李强，曹清河，等，2012. 中国甘薯产业及产业技术的发展与展望[J]. 江苏农业学报，28（5）：969-973.

马代夫，刘庆昌，张立明，等，2021. 中国甘薯[M]. 南京：江苏凤凰科学技术出版社.

马洪波，李传哲，宁运旺，等，2015. 钙镁缺乏对不同甘薯品种的生长及矿质元素吸收的影响 [J]. 中国土壤与肥料（4）：101-107.

马若囡，刘庆，李欢，等，2017. 缺磷胁迫对甘薯前期根系发育及养分吸收的影响[J]. 华北农学报，32（5）：171-176.

宁运旺，张永春，朱绿丹，等，2011. 甘薯的氮磷钾养分吸收及分配特性[J]. 江苏农业学报，27（1）：71-74.

O'SULLIVAN J N，ASHER C J，BLANMEY F P C，1997. 甘薯的养分失调[M]. 中国-欧盟联盟农业技术中心，译. 堪培拉：澳大利亚国际农业研究中心.

山东省农业科学院作物研究所，烟台地区农业科学研究所，临沂地区农业科学研究所，1977. 地瓜[M]. 济南：山东人民出版社.

盛家廉，林世成，程天庆，等，1957. 甘薯[M]. 北京：科学出版社.

盛家廉，袁宝忠，1980. 甘薯栽培技术[M]，北京：农业出版社.

史春余，王振林，郭风法，等，2002. 甘薯块根膨大过程中 ATP 酶活性、ATP 和 ABA 含量的变化[J]. 西北植物学报，22（2）：315-320.

田江梅，2016. 氮磷钾肥对甘薯产量品质影响及光合和养分积累的调控[D]. 重庆：西南大学.

王欣，李强，曹清河，等，2021. 中国甘薯产业和种业发展现状与未来展望[J]. 中国农业科学，54（3）：483-492.

乌兹·卡夫卡费，荷黑·塔奇特斯基，2013. 灌溉施肥：水肥高效应用技术[M]. 田有国，译. 北京：中国农业出版社.

肖利贞，王畅，金先春，等，1986. 土壤水分对甘薯生态生理的影响[J]. 河南农业科学（4）：5-6.

徐卫红，2015. 水肥一体化实用新技术[M]. 北京：化学工业出版社.

烟台地区农业科学研究所，1978. 甘薯[M]. 北京：科学出版社.

张承林，邓兰生，2012. 水肥一体化技术[M]. 北京：中国农业出版社.

张立明，2020. 甘薯栽培技术研究进展和实践[C]//中国作物学会. 第十九届中国作物学会学术年会论文摘要集. 武汉：[出版者不详].

张宪初，王胜亮，吕军杰，等，1999. 旱地甘薯田水分供需状况及增产措施研究[J]. 干旱地区农业研究，17（4）：93-97.

浙江农业大学，1990. 作物营养与施肥[M]. 北京：农业出版社.

中国科学院南京土壤研究所，国际钾肥研究所（瑞士），1984. 农业生产中钾氮的交互作用[M]//第一次钾素讨论会论文集. 南京：江苏科学技术出版社.

ANKUMAH R O，KHAN V，MWAMBA K，et al.，2003. The influence of source and timing of nitrogen fertilizers on yield and nitrogen use efficiency of four sweet potato cultivars [J]. Agriculture，Ecosystems & Environment，100：201-207.

BROWN P H, BELLALOUI N, WIMMER M A, et al., 2002. Boron in plant biology [J]. Plant Biology, 4: 205-223.

FERREIRA K N, IVERSON T M, MAGHLAOUI K, et al., 2004. Architecture of the photosynthetic oxygen-evolving center [J]. Science, 303 (5665): 1831-1838.

KAFKAFI U, 2005. Global aspects of fertigation usage [C]//Fertigation Proceedings, International Symposium on Fertigation. Beijing: [n.s].

KLEINMAN P J A, SRINIVASAN M S, SHARPLEY A N, 2005. Phosphorus leaching through intact soil columns before and after poultry manure application [J]. Soil Science, 170: 153-166.

MARTINEZ H J J, BAR-YOSEF B, KAFKAFI U, 1991. Effect of surface and subsurface drip fertigation on sweet corn rooting, uptake, dry matter production and yield [J]. Irrigation Science, 12: 153-159.

MCBEATH T M, SMERNIK R J, LOMBI E, et al., 2006. Hydrolysis of pyrophosphate in a highly calcareous soil: asolid-state phosphorus-31 NMR study [J]. Soil Science Society of America Journal, 70: 856-862.

RÖMHELD V, 2000. The chlorosis paradox: Fe inactivation as a secondary event in chlorotic leaves of grapevine [J]. Journal of Plant Nutrition, 23: 1629-1643.

RÖMHELD V, KIRKBY E A, 2010. Research on potassium in agriculture: needs and prospects [J]. Plant and Soil, 335: 155-180.

SILBER A, BAR-YOSEF B, LEVKOVITCH I, et al., 2008. Kinetics and mechanisms of pH-dependent Mn (Ⅱ) reactions in plant-growth medium [J]. Soil Biology and Biochemistry, 40: 2787-2795.

SUNG F, 1985. The effect of leaf water status on stomatal activity, transpiration and nitrate reductase of sweet potato [J]. Agricultural Water Management, 4: 465-470.

附　录

灌溉施肥技术规范[①]

1　范围

本标准规定了灌溉施肥系统建设、水分和养分管理、灌溉施肥制度制定、使用和维护等要求。

本标准适用于指导灌溉施肥技术推广应用。

2　规范性引用文件

下列文件对于本文件的应用是必不可少的，凡是注日期的引用文件，仅注日期的版本适用于本文件，凡是不注日期的引用文件，其最新版本（包括所有的修改单）适用于本文件。

GB 5084　农田灌溉水质标准

GB/T 8573　复混肥料中有效磷含量的测定

GB 15063　复混肥料（复合肥料）

GB/T 23349　肥料中砷、镉、铅、铬、汞等生态指标

GB/T 50085　喷灌工程技术规范

GB/T 50485　微灌工程技术规范

NY/T 1973　水溶肥料水不溶物含量和pH值的测定

3　术语和定义

下列术语和定义适用于本文件。

3.1　灌溉施肥 fertigation

将肥料溶解在水中，借助管道灌溉系统，灌溉与施肥同时进行，适时适量地

---

① 摘编自《灌溉施肥技术规范》（NY/T 2623—2014）

满足作物对水分和养分的需求，实现水肥一体化管理和高效利用。

3.2 土壤湿润比 percentage of wetted area

在计划湿润层内，湿润土体与总土体的体积比。通常用地表下20～30 cm深度的湿润面积与总面积的比值表示。

3.3 灌溉水利用系数 water application efficiency

灌到田间用于植物蒸腾蒸发的水量与灌溉供水量的比值。

3.4 灌水均匀系数 irrigation uniformity coefficient

表征微灌系统中同时进行工作的灌水器出水量均匀程度的系数。

3.5 肥料利用率 fertilizer use efficiency

在作物生育期内，吸收来自所施肥料的养分占所施肥料养分总量的百分率。

3.6 灌溉施肥制度 fertigation schedule

集成灌溉制度和施肥制度形成的灌溉施肥条件下水肥一体化管理方案。

4 灌溉施肥系统建设

4.1 总体要求

灌溉施肥系统建设应符合社会经济发展、农业生产和水资源开发利用等相关规划，综合考虑气象、地形、土壤、作物、水源等基本条件，在充分了解用户种植计划、生产水平、建设要求、投资能力等的基础上进行规划、设计和建设。喷灌工程建设按照GB/T 50085的要求执行，微灌工程建设按照GB/T 50485的要求执行。

4.2 水源准备

江河、湖泊、库塘、井泉等均可作为灌溉水源，水质应符合GB 5084农田灌溉水质标准要求，并针对灌溉系统要求进行相应处理。使用微咸水、再生水等特殊水质水源时应进行论证。

4.3 灌溉设备

4.3.1 灌溉设备应满足农业生产和灌溉施肥需要，保证灌溉施肥系统安全，并符合经济适用的要求。

4.3.2 灌溉设备应符合国家现行相关标准的规定。

4.4 施肥设备

4.4.1 主要有施肥池、文丘里施肥器、施肥泵、施肥机等，根据系统要求、应用面积、施肥精度等进行选择。

4.4.2 施肥池适用于控制面积较大的灌溉施肥系统，应增设防护措施。

4.4.3 文丘里施肥器应使用抗腐蚀材料，根据控制面积、管道流量和压力等进行选择。

4.4.4 施肥泵和施肥机应使用耐腐蚀材料，或在与肥料接触的部件上涂防腐层。

4.5 系统布设

4.5.1 干支管应根据地形、水源、作物分布和灌水器类型等进行布设，相邻两级管道应相互垂直，使管道长度最短而控制面积最大。当水源离灌区较近且灌溉面积较小时，可只设支管，不设干管。在丘陵山地，干管应沿山脊或等高线布置，支管则垂直于等高线。在平地，干支管应尽量双向控制，两侧布置下级管道。

4.5.2 毛管和灌水器应根据作物种类、种植方式、土壤类型、灌水器类型和流量进行布置。对条播密植作物，毛管应平行作物种植方向布置；果园等乔灌木，土壤为中壤土或黏壤土时，可选择每行树一条滴灌管，土壤为沙壤土时，可选择每行树两条滴灌管；果树的冠幅和栽植行距较大、栽植不规则或根系稀少时，应选择环绕式布置。

4.5.3 水源部分应安装逆止阀，防止水肥污染水源。根据水源水质和灌水器对水质的要求选择过滤器，必要时采用不同类型的过滤器组合进行多级过滤。滴灌过滤器精度不低于120目[①]，微喷过滤器精度为60～80目，大型喷灌机过滤器精度为20～60目。

4.5.4 系统安装后，应进行管道水压试验、系统试运行和工程验收，灌水均匀系数应达到0.8以上。

5 水分管理

5.1 收集气象、土壤、农业等相关资料，开展墒情监测，根据作物需水规律、土壤墒情、根系分布、土壤性状、设施条件和节水农业技术措施等制定灌溉制度，包括作物全生育期的灌溉定额、灌水次数、灌水时间和灌水定额等。

---

① 120目相当于筛孔尺寸0.125 mm，80目相当于筛孔尺寸0.18 mm，60目相当于筛孔尺寸0.25 mm，20目相当于筛孔尺寸0.85 mm。

5.2 喷灌系统技术参数和灌溉制度制定按照GB/T 50085的要求执行，微灌系统技术参数和灌溉制度制定按照GB/T 50485的要求执行。

5.3 按照作物根系特点确定计划湿润深度，使灌溉水分布在根系层。蔬菜适宜的计划湿润深度一般为0.2～0.3 m。果树因品种、树龄不同，适宜的计划湿润深度为0.3～0.8 m。灌溉上限一般为田间持水量的85%～95%，灌溉下限一般为田间持水量的55%～65%。

土壤湿润比按表1确定。

表1　土壤湿润比　　　　　　　　　　　　　　　　　　单位：%

作物	滴灌、涌泉灌	微喷灌
果树	25～40	40～60
葡萄、瓜类	30～50	40～70
蔬菜	60～90	70～100
粮棉油等作物	60～90	60～100

注：降雨多的地区宜选下限值，降雨少的地区宜选上限值。

6 养分管理

6.1 肥料选择

选择溶解度高、溶解速度较快、腐蚀性小、与灌溉水相互作用小的肥料。当灌溉水硬度较大时，宜采用酸性肥料。灌溉施肥用肥料要求见表2。

表2　灌溉施肥用肥料要求

项目	指标		
	I型	II型	III型
水溶性磷占有效磷比例，%	≥99	≥90	≥80
固体肥料水不溶物含量，%	≤0.2	≤2	≤5
液体肥料水不溶物含量，g/L	≤2	≤20	≤50
适用范围	各种灌溉系统	每孔出水量≥2L/h的滴灌系统和微喷灌系统	喷灌系统

注：肥料中砷、镉、铅、铬、汞等含量应符合GB/T 23349的要求。氯离子含量应符合GB 15063的规定。有效磷含量的测定按照标识的产品标准进行，未标识的按GB/T 8573复混肥料中有效磷含量的测定执行。产品不含磷或磷标识为0时，水溶性磷占有效磷百分比不做要求。水不溶物含量的测定按照NY/T 1973的规定执行。

若固体肥料水不溶物>5%时，需提前采取溶解、沉淀和过滤等措施。

6.2 肥料搭配

肥料搭配使用时应考虑相溶性，避免相互作用而产生沉淀或拮抗作用。混合后产生沉淀的肥料应单独施用，即第一种肥料施用后，用清水充分冲洗系统，然后再施用第二种肥料。常用肥料的相溶性见表3。

表3 常用肥料的相溶性

硝酸铵							
√	尿素						
√	√	硫铵					
√	√	√	磷酸二铵				
√	√	√	√	氯化钾			
√	√	√	√	√	硫酸钾		
√	√	×	√	√	√	硝酸钾	
√	√	×	×	√	×	√	硝酸钙

注："√"表示两种肥料相溶；"×"表示两种肥料不相溶。

6.3 施肥制度制定

按照目标产量、作物需肥规律、土壤养分含量和灌溉施肥特点制定施肥制度，包括施肥量、施肥次数、施肥时间、养分配比、肥料品种等。

6.3.1 确定目标产量

可根据作物品种特性和产量潜力，按大田生产所能达到的水平确定产量目标，也可参考当地常年获得的实际产量，按增产10%左右确定目标产量。

6.3.2 计算养分吸收量

根据目标产量和单位产量养分吸收量计算所需要的氮（N）、磷（P_2O_5）、钾（K_2O）及中微量元素等养分吸收量。

6.3.3 调整养分施用量

根据土壤养分状况、有机肥施用量、上季作物施肥量、产量水平等进行调整。

根据土壤测试结果，对土壤养分含量的丰缺情况进行评价。当土壤养分接近适中水平，可不进行调整。土壤养分含量较低时调高养分施用量，土壤养分较高时调低养分施用量。调整幅度一般为10% ~ 30%。土壤氮含量较高时，不宜大幅度调减氮肥施用量。

计算化肥施用量时应减去有机肥料的养分供应量。新建日光温室和果园，常年施用有机肥偏少和施用有机肥质量不高的地块，可不扣除有机肥料的养分供应量。

上季作物施肥量较大，但实际产量较低时，适当减少本季作物养分施用量。上季作物施肥量较少，目标产量没有实现时，适当增加本季作物养分施用量。

6.3.4　计算施肥量

根据灌溉施肥特点和田间试验结果确定肥料利用率，用养分吸收量除以肥料利用率计算施肥量。

6.3.5　确定施肥次数、施肥时间和用量

根据作物不同生育期需肥规律，确定施肥次数、施肥时间和每次施肥量。

7　灌溉施肥制度制定

7.1　按照肥随水走、少量多次、分阶段拟合的原则制定灌溉施肥制度，包括基肥水肥比例、作物不同生育期的灌溉施肥次数、时间、灌水定额、施肥量等，满足作物不同生育期水分和养分需要。

7.2　根据灌溉制度，将肥料按灌水时间和次数进行分配，充分利用灌溉系统进行施肥，适当增加追肥数量和追肥次数，实现少量多次，提高养分利用率。

7.3　根据施肥制度，对灌水时间和次数进行调整，作物需要施肥但不需要灌溉时，增加灌水次数，减少灌水定额，缩短灌水时间。

7.4　根据天气变化、土壤墒情、作物长势等实际状况，及时对灌溉施肥制度进行调整。

8　系统使用和维护

8.1　灌溉施肥系统使用时应先滴清水，待压力稳定后再施肥，施肥完成后再滴清水。施肥前、后滴清水时间根据系统管道长短、大小及系统流量确定，一般为10～30 min。在灌水器出水口利用电导率仪等定时监测溶液浓度，通常电导率不大于3 mS/cm，避免肥害。

8.2　定期检查、及时维修系统设备，防止漏水使作物灌水不均匀。经常检查系统首部和压力调节器压力，当过滤器前后压差大于0.02Mpa～0.07MPa时，应清洗过滤器。定期对离心过滤器集沙罐进行排沙。

8.3　作物生育期第一次和最后一次灌溉时应冲洗系统。每灌溉2～3次后冲洗1次。作物生育期结束后应进行系统排水，防止冬季结冰爆管，做好易损易盗部件（空气阀、真空阀、调压阀、球间等）保护。

甘薯滴灌水肥一体化系统要求和技术规范[①]

1 范围

本文件规定了甘薯滴灌水肥一体化生产的系统要求、用水管理和施肥技术等内容。

本文件适用于我国北方薯区甘薯水肥一体化生产。

2 规范性引用文件

下列文件中的内容通过文中的规范性引用而构成本文件必不可少的条款。其中，注日期的引用文件，仅该日期对应的版本适用于本文件；不注日期的引用文件，其最新版本（包括所有的修改单）适用于本文件。

GB 5084 农田灌溉水质标准

GB/T 13663.2 给水用聚乙烯（PE）管道系统 第2部分：管材

GB/T 13664 低压输水灌溉用硬聚氯乙烯（PVC-U）管材

GB 13735 聚乙烯吹塑农用地面覆盖薄膜

GB/T 19812.1 塑料节水灌溉器材 第1部分：单翼迷宫式滴灌带

GB/T 19812.3 塑料节水灌溉器材 第3部分：内镶式滴灌管及滴灌带

GB/T 19812.4 塑料节水灌溉器材 第4部分：聚乙烯（PE）软管

GB/T 50363 节水灌溉工程技术标准

GB/T 50485 微灌工程技术标准

NY/T 496 肥料合理使用准则 通则

NY/T 1559 滴灌铺管铺膜精密播种机质量评价技术规范

NY/T 2623 灌溉施肥技术规范

---

① 摘编自《甘薯滴灌水肥一体化系统要求和技术规范》（T/SDAS 432—2022）

3 术语和定义

下列术语和定义适用于本文件。

3.1 水肥一体化 integrated management of irrigation water and fertilizer

根据作物需求，对农田水分和养分进行综合调控和一体化管理，以水促肥、以肥调水，实现水肥耦合，全面提升农田水肥利用效率。

3.2 滴灌 drip irrigation

利用滴头、滴灌管（带）等设备，以滴水或细小水流的方式，湿润植物根区附近部分栽培土壤的灌水方法。

3.3 首部枢纽 control head

滴灌系统中集中布置的加压设备、过滤器、施肥（药）装置、量测和控制设备的总称。

3.4 滴灌管（带）drip pipe（drip tube）

滴灌系统中，兼有输水和滴水功能的末级管（带）。

3.5 灌溉水利用系数 water application efficiency

灌溉到田间用于植物蒸腾蒸发的水量与灌溉供水量的比值。

4 系统要求

4.1 滴灌系统构成

滴灌施肥系统包括水源、首部枢纽、输水管道和灌水器。系统设备的选择应符合NY/T 2623的规定。

4.2 水源

宜选择清洁、无污染的井源、江河、湖泊、坑塘等水源，进入滴灌系统管网的水不应有杂草、藻类、大粒径泥沙等，水质应符合GB 5084和GB/T 50485的规定。

4.3 首部枢纽

首部枢纽包括加压设备、施肥装置和过滤装置等。对于规模较大种植区，需选择性安装计量与调节设备，如水表、压力表、球阀、安全阀、逆止阀等。

4.3.1 加压设备

包括水泵、动力机等。根据不同水源条件、电力条件和控制规模选择适宜的水泵或动力机（如电动潜水泵，汽、柴油泵等）及合适的功率。水泵流量和扬程应符合灌溉施肥要求，动力机应满足水泵正常工作。

4.3.2 施肥装置

甘薯滴灌施肥装置可以选择施肥机、注肥泵、施肥罐（桶）等。较大的施肥罐（桶）可选择直接安装在井房或设施内，应在施肥罐（桶）之前安装砂石过滤器，而在施肥罐（桶）之后加装筛网或叠片过滤器。

4.3.3 过滤装置

应根据水源水质及滴灌管（带）对水质的要求合理选择过滤装置。当用地表水为灌溉水源时应加装砂石过滤器，多选用筛网或叠片过滤器与砂石过滤器组合使用；地下水作为灌溉水源时，宜选用筛网过滤器或叠片过滤器。对于筛网过滤器来讲，过滤器网孔不超过0.125 mm（网眼密度不低于120目）。

4.3.4 其他

为了安全和精确控制需要，在水源与施肥装置之间可安装水表、压力表、球阀、安全阀、逆止阀等。

4.4 输水管道

甘薯水肥一体化输水管道由主输水管（干管）和地面支管组成。主输水管宜选用PE或PVC材质，管材或管件质量应符合GB/T 13663.2、GB/T 13664的相关规定。支管宜选用PE材质，可根据管道输水压力和灌溉规模选择，支管规格宜选用直径50 mm和直径63 mm，支管材质应符合GB/T 19812.4的相关规定。

4.5 灌水器

灌水器宜选用侧翼迷宫式滴灌带或内镶贴片式滴灌带。侧翼迷宫式滴灌带应符合GB/T 19812.1的要求，内镶贴片式滴灌带应符合GB/T 19812.3的要求。滴灌带可根据地块长度和土质选择滴孔间距和滴孔流量，当地块长度超过80 m时，宜将主输水带置于地块中央向两侧分别铺设滴灌带进行灌水；当滴灌带输水距离超过60 m时，宜选用滴孔间距不超过20 cm滴灌带。土壤质地为砂土时，滴孔流量2.0 L/h以上，壤土时滴孔流量1.5～2.0 L/h，黏壤土滴孔流量1.5 L/h以内。

4.6 滴灌系统田间组装

4.6.1 干、支管的铺设应综合考虑地形、灌溉设备因素，使灌溉管道的布设能够节省材料且能实现最大控制面积。当水源距离地块较近且灌溉面积较小时，可只设支管，不设干管。

4.6.2 滴灌带的铺设应根据甘薯起垄栽培要求，当实行单垄单行覆膜栽植时，滴灌带铺于垄顶膜下靠近甘薯根部，迷宫式滴灌带应花纹朝上，出水口应朝向薯苗一侧，内镶贴片式滴灌带出水口应朝上。大垄双行栽植时，滴灌带铺设于膜下两行薯苗之间，必要时，可每行薯苗铺设一根滴灌带。铺带质量应符合NY/T 1559的要求，地膜选择应符合GB 13735的相关要求。

4.6.3 系统组装应符合GB/T 50363和GB/T 50485的要求，整个系统灌溉水利用系数不应低于90%。

5 用水管理

5.1 根据甘薯需水特性、土壤性质、土壤墒情进行用水管理。具体应根据甘薯各生育期需水规律、农艺措施、常年平均降水情况和土壤墒情确定灌水次数、灌水定额，制订灌溉制度，并根据当年实际降水情况和甘薯生长状况进行调整。

5.2 北方春薯区膜下滴灌条件下，当土壤含水量不低于田间持水量的50%时，薯苗移栽期定苗水每亩一次性灌水量10～15 m³，此后根据土壤墒情进行灌水。分枝结薯期土壤水分上下限宜控制在田间持水量的55%～70%，薯蔓并长期控制在田间持水量的65%～80%，薯块膨大前期控制在田间持水量的55%～70%，薯块膨大后期控制在田间持水量的50%～65%。北方夏薯区露地滴灌条件下，薯苗移栽期浇定苗水每亩灌水量10～15 m³，后期视降雨情况和土壤墒情适当进行补水。

6 施肥技术

6.1 施肥原则

宜坚持"基施有机肥和复合肥，滴灌追施氮钾肥"和"控氮、稳磷、增钾"的原则。即整地时随耕翻起垄时施入适量有机肥和复合肥，后期通过滴灌系统补施部分氮肥和钾肥。总体上应控制氮肥用量、稳定磷肥用量、增加钾肥用量。

6.2 肥料选择

有机肥可选用腐熟的农家肥或商品有机肥，用于基施的复合肥根据土壤氮磷钾含量情况选择，宜选用中氮、低磷、高钾复合肥。滴灌施肥应选择溶解性好，腐蚀性小，与灌溉水相互作用小的氮钾单质肥料或甘薯滴灌专用水溶肥料。肥料的选择和合理使用应符合NY/T 2623和NY/T 496的要求。

6.3 施用方法

有机肥结合耕翻时施入，农家肥每亩施用量2～3 m³，商品有机肥每亩施用量100～200 kg。有机肥可根据土壤条件选择性施用，有机质含量较高地块可少施或不施有机肥。复合肥可在起垄时通过起垄-覆膜-铺滴灌带一体机施用，随起垄时将肥料包于垄心。无机械作业条件地块可于土地耕翻之后，起垄之前，人工将肥料均匀撒施于地面后起垄。可将70%的氮肥、50%的钾肥和全部的磷肥作为基肥一次性施入田间。其他30%的氮肥和50%的钾肥在薯块膨大期通过滴灌系统分2次施用。

6.4 滴灌施肥

滴灌施肥可分3个阶段进行。第1阶段先滴清水15～20 min，灌水量约占总滴灌水量的20%，确认滴灌系统工作正常，无漏水现象，同时将土壤湿润；第2阶段水肥同步施入，先将肥料溶于肥料罐（桶），待肥料完全溶解后，打开水管连接阀，将肥液随水一起滴入田间，全部追肥时间30～40 min，灌水量约占总灌水量的60%；第3阶段再用清水冲洗管道15～20 min，灌水量约占总灌水量的20%。整个滴灌施肥过程总灌水量8.0～10.0 m³。

6.5 系统维护

6.5.1 应对滴灌系统定期检查和维护，应严格确保系统在设计压力范围内运行，应确保系统无漏水现象，防止灌水或施肥不均匀。当水源为地表水且水中存在杂草或藻类等杂质时，要经常检查过滤器前后压差变化，当过滤器前后压差大于0.05 MPa时，应清洗过滤器。此外，位于施肥罐（桶）后部的叠片过滤器也应于每次灌水或施肥完毕清洗一次。

6.5.2 在进行系统维护的同时，还应做易损易盗部位的保护。每季使用完毕，可重复使用的支管、施肥和过滤装置以及控制与调节设备应及时收回保存，以供次年使用。

丘陵山区甘薯水肥一体化栽培技术规程①

1 范围

本文件规定了丘陵山区甘薯水肥一体化栽培过程中的产地环境、种植前的准备、滴灌系统配置与安装、覆膜、薯苗栽植、水肥管理、田间管理、收获等技术要求。

本文件适用于丘陵山区的甘薯水肥一体化栽培与生产。

2 规范性引用文件

下列文件中的内容通过文中的规范性引用而构成本文件必不可少的条款。其中，注日期的引用文件，仅该日期对应的版本适用于本文件；不注日期的引用文件，其最新版本（包括所有的修改单）适用于本文件。

GB 5804 农田灌溉水质标准

GB/T 8321（所有部分）农药合理使用准则

GB/T 13735 聚乙烯吹塑农用地面覆盖薄膜

GB/T 19812.1 塑料节水灌溉器材　第1部分：单翼迷宫式滴灌带

GB/T 19812.3 塑料节水灌溉器材　第3部分：内镶式滴灌管及滴灌带

GB/T 19812.4 塑料节水灌溉器材　第4部分：聚乙烯（PE）软管

NY/T 496 肥料合理使用准则　通则

NY/T 5010 无公害农产品　种植业产地环境条件

NY/T 1559 滴灌铺管铺膜精密播种机质量评价技术规范

3 术语和定义

下列术语和定义适用于本文件。

3.1 滴灌 drip irrigation

利用滴头、滴灌管（带）等设备，以滴水或细小水流的方式，湿润植物根区附近部分栽培土壤的灌水方法。

---

① 摘编自《丘陵山区甘薯水肥一体化栽培技术规程》（DB3708/T 27—2023）

3.2　滴灌管（带）drip irrigation tape

滴灌系统中兼有输水和滴水功能的末级管（带）。

3.3　文丘里施肥器 venturi fertilizer applicator

与微灌系统或灌区入口处的供水管控制阀门并联安装的一种施肥装置。使用时将控制阀门关小，造成控制阀门前后有一定的压差，使用水流经过安装文丘里施肥器的支管，用水流通过文丘里管产生的真空吸力，将肥料溶液从敞口的肥料桶中均匀吸入管道系统进行施肥。

4　产地环境

选择坡度不大于15°，土层深度不小于30cm的地块进行种植。产地环境条件应符合NY/T 5010的规定。

5　种植前的准备

5.1　整地

在前茬作物收获后封冻前对地块进行耕翻，耕翻深度20～30 cm。种植前进行整地起垄，单垄单行，垄宽70～85 cm，垄高20～30 cm。整地起垄时应挑出直径大于2 cm的石块。

5.2　施肥

丘陵山区地块甘薯施肥宜采用基施有机肥+复合肥方式，整地时每亩施充分腐熟的农家肥2 000～3 000 kg或商品有机肥100～150 kg，施中氮、低磷、高钾复合肥30～40 kg。肥料选择应符合NY/T 496的规定。

5.3　品种选择

根据市场需求，选用适宜的耐旱、耐瘠薄、抗病性强的甘薯品种。

6　滴灌系统配置与安装

6.1　主要设备选配

6.1.1　水泵及动力

距灌溉水源较近的地块，用潜水泵将水泵入滴灌系统进行灌溉；对于无固定水源或距水源较远的地块，宜选用农用三轮车配以水箱或塑料袋（桶）等盛水容器将灌溉水运至田间地头，采用电动车的直流电池（48/60/72 V）做动力，配套对应功率的直流电泵将水泵入滴灌系统进行灌溉。水质应符合GB 5084的规定。

6.1.2　过滤器

过滤器选用筛网式或叠片式，大小与输水管配套。

6.1.3　施肥装置

施肥装置选用文丘里施肥器、压差式施肥器（罐）、注入泵+肥料桶或比例施肥泵等。甘薯种植户也可以利用电动喷雾器代替施肥装置用于滴灌施肥。施肥装置、过滤器可安装于种植地块的输水口处，施肥装置须连接在过滤器之前。

6.2　输配水管网

输配水管网无须安装干管，仅由输水管（输水主带）和滴灌管（滴灌带）组成。输水主带采用PE软管，其直径为50 mm或63 mm。滴灌带宜选用侧翼迷宫式滴灌带或内镶帖片式滴灌带，滴灌带直径为12～20 mm，滴孔间距15～20 cm，工作压力0.05～0.25 MPa，每个滴孔出水量1.5～2.0 L/h。PE软管应符合GB/T 19812.4的规定，侧翼迷宫式滴灌带应符合GB/T 19812.1的规定，内镶帖片式滴灌带应符合GB/T 19812.3的规定。

6.3　滴灌带的铺设

滴灌带平铺于膜下垄面中间，每垄铺设一条滴灌带。迷宫式滴灌带应花纹朝上，出水口应朝向薯苗一侧，内镶帖片式滴灌带出水口应向上。铺带质量应符合NY/T 1559的规定。

7　覆膜

地膜选用厚度不小于0.01 mm的黑色地膜、白色透明地膜或黑白相间地膜。地膜宽度应覆盖至沟底中间为宜。地膜的使用应符合GB 13735的规定。若使用白色透明地膜需喷施除草剂，除草剂使用应符合GB/T 8321的规定。一般春薯种植时需要覆盖地膜，夏薯种植可以不覆膜。不覆膜时用适量土压实滴灌带。

8　薯苗栽植

8.1　栽植时期

春薯大田栽植时期为4月中下旬至5月上中旬。夏薯应力争早栽，宜在6月中旬之前完成薯苗大田栽植。

8.2 栽植密度

春薯以每亩栽植3 500～4 000株为宜，夏薯以每亩栽植4 000～4 500株为宜。

8.3 栽植要求

将薯苗紧靠滴灌带栽插，一般入土节数3～4节，入土深度3～8 cm，宜采用斜栽法或船底形栽法。

9 水肥管理

9.1 滴灌

9.1.1 定苗水

薯苗栽植后及时通过滴灌系统滴灌定苗水。每亩用水量4～6 m³，3～5 d后以相同水量再滴灌1次。

9.1.2 生育期间用水

生育期间应根据植株长势、天气情况、土壤墒情等及时利用滴灌系统补充水分，一般每次每亩用水量3～5 m³。

9.2 滴灌追肥

生长中后期根据甘薯长势及土壤墒情，及时通过滴灌系统追施水溶性肥料。滴灌追肥宜在薯苗栽植后的75～100 d进行，每亩每次宜追施大量元素水溶肥（高钾型）5～10 kg，追肥1～2次。先滴水20～30 min再滴肥，待肥料全部滴入后，再滴水20～30 min。肥料选用应符合NY/T 496的规定。

10 田间管理

10.1 杂草防治

生长期内，甘薯田少量杂草宜采用人工拔除的方法进行清除。若杂草较多，在封垄前选择异丙甲草胺、二甲戊乐灵等适宜除草剂定向喷施垄沟。除草剂使用应符合GB/T 8321的规定。

10.2 控制旺长

对于有旺长趋势的甘薯田，可用植物生长调节剂多效唑或烯效唑兑水在封垄前进行叶面喷施，每亩烯效唑（纯品）用量1.0～1.5 g，每亩多效唑（纯品）用量15～20 g。每隔7 d左右喷洒1次，视徒长程度决定喷洒次数，一般喷施2～3次即可。

10.3 病虫害防治

甘薯主要病害有根腐病、黑斑病、茎线虫病、病毒病等，主要虫害有斜纹夜蛾、甘薯麦蛾、甘薯天蛾、甘薯烦夜蛾、地老虎、蝼蛄、蛴螬、金针虫等，贯彻预防为主，综合防治的植保方针，以农业防治、物理防治、生物防治为主，按照病虫害发生规律，科学安全使用化学防治技术。防治甘薯黑斑病、茎线虫病等病害和地下害虫时，可通过滴灌系统施用吡唑醚菌酯、三唑磷、噻虫胺等农药，农药使用应符合GB/T 8321的规定。

11 收获

采用机械或人工的方式，于10月上旬开始收获，在初霜之前收获完毕。采用机械收获时，应于收获前人工破膜，并将滴灌带清除。收获后，应及时清理甘薯田中残留地膜。

12 生产记录档案

对生产过程进行详细记录，建立生产档案并保存。